A
B

AF474054

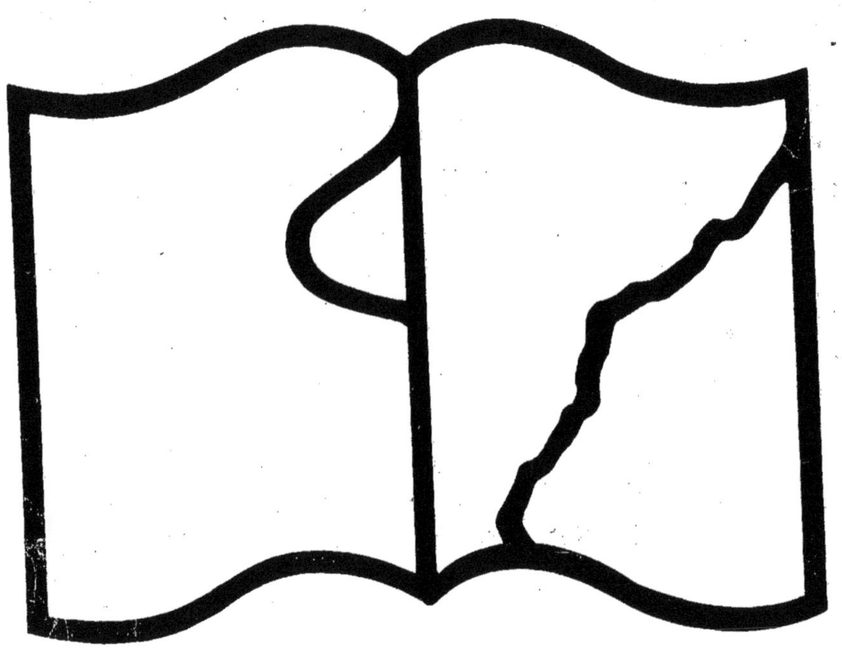

Texte détérioré — reliure défectueuse

**NF Z 43**-120-11

COLLECTION PICARD

BIBLIOTHÈQUE COLONIALE ET DE VOYAGES

# Voyage en Algérie



PAR

M. MEUNIER

DIRECTEUR D'ÉCOLE PRIMAIRE SUPÉRIEURE

Quarante-deux illustrations d'après les photographies
de L. MOEBS et A. LEROY

PARIS

Librairie d'Éducation nationale

ALCIDE PICARD, ÉDITEUR

18 ET 20, RUE SOUFFLOT, 18 ET 20

# Voyage en Algérie



5e Série

---

Cliché L. Moebs.

SPAHI.

COLLECTION PICARD

BIBLIOTHÈQUE COLONIALE ET DE VOYAGES

# Voyage en Algérie



PAR

M. MEUNIER

DIRECTEUR D'ÉCOLE PRIMAIRE SUPÉRIEURE

Quarante-deux illustrations d'après les photographies de L. MOEBS et A. LEROY

PARIS

Librairie d'Éducation nationale

ALCIDE PICARD, ÉDITEUR

18 ET 20, RUE SOUFFLOT, 18 ET 20

# VOYAGE EN ALGÉRIE



## CHAPITRE PREMIER

### Le départ. — Lyon et la vallée du Rhône.

Le samedi 31 janvier 19.., le jeune Camille Heim, élève de sixième au Lycée de Nancy, s'en revenait tout triomphant vers le domicile paternel. Il rapportait un excellent bulletin, ses notes étaient meilleures que celles du mois précédent, et il escomptait déjà ses succès de la distribution des prix, il voyait son nom souvent répété dans le palmarès, surtout il pressentait le plaisir qu'il allait faire aux siens, et cette pensée le rendait plus joyeux encore.

Justement, toute la famille était réunie, quand il entra dans la salle à manger. Tandis que M. Heim lisait son journal, Mme Heim dressait la table pour le repas du soir, aidée par leur fille Jeanne, demoiselle de quatorze ans, qui, bien stylée, était déjà une ménagère avisée.

Notre lycéen montra vite son précieux bulletin, et, avec les embrassades de ses parents et de sa sœur, reçut leurs félicitations encourageantes.

Au cours du repas, il fut surtout question du lycée, des professeurs, des élèves, des compliments ou des reproches que le proviseur avait adressés aux uns et aux autres, en donnant le compte rendu des notes. Bref, Camille était enthousiasmé, et il se promettait de mieux faire encore.

Tandis qu'il tenait presque toute la conversation à lui seul, ce que ses parents tolérèrent pour ce jour-là, M. Heim semblait réfléchir très sérieusement. Il pensait que, surtout avec les enfants, il est bon de donner au travail et à la bonne conduite, outre la satisfaction du devoir accompli, une récompense plus tangible.

Or, M. Heim avait toujours songé que, lorsqu'il céderait son commerce qui l'avait constamment retenu à Nancy, il s'offrirait et il offrirait aux siens un voyage d'agrément. Il était retiré des affaires depuis quelques mois, assuré d'une belle aisance; il pouvait donc réaliser son rêve, et, selon lui, le mieux était de récompenser Camille par une excursion en

Algérie. Ne venait-il pas en effet de lire dans son journal qu'une caravane de touristes, composée de professeurs et d'élèves, se préparait à visiter l'Algérie au mois d'avril suivant. L'occasion était excellente. M. Heim résolut d'en profiter en se joignant, lui et sa famille, à cette caravane.

Aussi, quand le dessert fut apporté par Jeanne, alors que Camille croquait à belles dents un de ces macarons dont les Nancéiens ont le secret, M. Heim recueillit-il le plus grand des succès en développant son idée. Personne n'osait croire à ce beau rêve : aller en Algérie, en caravane, visiter Bône, Constantine, Biskra, Timgad, la Kabylie, Blidah et Alger, selon le programme annoncé.

Camille et Jeanne ne furent assurés de leur bonheur que lorsqu'ils virent leur père écrire à l'organisateur de la caravane pour se faire inscrire.

Et dans le ménage Heim, à partir de ce moment, l'Algérie fut à l'ordre du jour, la carte d'Algérie resta constamment étalée sur un guéridon ; on prépara les objets à emporter, sans oublier l'appareil photographique, destiné à prendre de nombreuses vues ; chaque nuit, enfin, Camille et Jeanne rêvèrent de l'Algérie.

Enfin le grand jour arriva.

C'était le 5 avril. Par le train de midi, la famille Heim quittait Nancy et rejoignait Dijon où M. Meunier, l'organisateur du voyage, devait grouper tout son monde, exactement trente-deux personnes.

Une coquette petite rosette aux couleurs variées, signe de ralliement, fut remise à chaque touriste qui l'épingla à sa boutonnière, et dans le wagon réservé où la caravane prit place, on put lier connaissance, tandis que le rapide roulait vers Lyon. A l'arrivée dans cette ville, Camille et Jeanne étaient déjà camarades avec Pierre et Georgette, deux touristes des Ardennes, dont l'âge correspondait à peu près au leur.

Et maintenant, laissons la parole au jeune Camille, qui, au retour de son voyage, rédigea un journal à l'aide des notes que sa sœur et lui avaient prises.

Lundi, 6 avril.

Nous sommes à Lyon. MM. Mazeran, directeur d'école, et Chaudron, professeur, viennent nous prendre à sept heures pour une visite rapide de la ville, car nous devons être à la gare à dix heures.

Je ne puis donc m'arrêter à de longs détails, d'autant plus que nos livres de lecture, en classe, donnent des descriptions des principales villes de

France. Aussi, ai-je vu avec intérêt la plupart des monuments qui m'avaient été rendus familiers déjà, par les gravures des livres classiques, les journaux illustrés ou les cartes postales. A l'aide du funicu-

Lyon. — Le Palais de Justice et le coteau de Fourvière.

laire nous montons à Notre-Dame de Fourvière, basilique moderne, qui semble vouloir dominer la ville, et dont le luxe paraît choquer quelques touristes. Je saisis au passage les réflexions suivantes : « J'aime mieux la simplicité grandiose de nos vieilles cathédrales », ou bien : « Avec cet or criard, que de misères on pourrait soulager ! » Par exemple, de la terrasse qui entoure l'édifice on jouit d'un coup d'œil admirable; on découvre toute la ville qui s'étend dans la plaine des Brotteaux, sur les coteaux de Fourvière et de Saint-Sébastien; elle est traversée par le Rhône et la Saône; au loin verdoie le vaste parc de la Tête-d'Or, que nous ne pourrons parcourir faute de temps; à l'horizon, se profilent vers l'ouest, les monts du Lyonnais, couverts de vignobles et de pâturages; vers l'est, les Alpes, le mont Blanc, que la brume empêche d'apercevoir pour le moment.

Nous descendons à pied par des sentiers bordés d'antiquités placées là comme en un musée : pots en terre trouvés au Mont-d'Or, buste d'Agrippa, petites meules servant à broyer le grain, marmites gauloises, etc., de quoi enfin rappeler la Lugdunum gallo-romaine.

Nos guides nous entraînent vers l'Hôtel de Ville, et nous font voir au passage une maison où logea Henri IV, l'École de la Martinière, puis un monument dû au ciseau de Bartholdi, érigé sur la place où Richelieu fit décapiter Cinq-Mars et de Thou.

De la visite de l'Hôtel de Ville j'ai retenu le souvenir de deux statues colossales, symbolisant le

Rhône et la Saône, des tableaux ornant l'ancienne salle du conseil, enfin de la magnifique et vaste salle des fêtes.

Pour gagner les quais, en passant près du théâtre, nous nous arrêtons un instant à l'endroit même où, sortant de la Bourse du Commerce, le président Carnot fut poignardé dans la soirée du 24 juin 1894. Un carrelage spécial avait été fait dans le trottoir à la place où se tenait Caserio attendant le moment de commettre son forfait. Il a disparu, on ne sait ni comment ni pourquoi.

Les regards se détachent difficilement de cet endroit qui ne se distingue pas des autres apparemment, mais où s'est passé un de ces drames atroces qui marquent dans l'histoire d'un peuple. Aussi, presque aussitôt, place de la République, se découvre-t-on, avec un respect mélangé de tristesse, devant la statue en marbre blanc de Carnot, noble victime du devoir.

Une promenade le long des quais s'imposait : il en existe quatre lignes d'un développement de 32 kilomètres. Ces quais, larges et plantés d'arbres, forment d'agréables promenades. Ils bordent de vastes et nombreux bas-ports qui offrent au commerce de grandes facilités.

De beaux ponts relient les deux rives du Rhône ou de la Saône. L'un des plus riches est celui des

Facultés, qui conduit en effet aux diverses facultés groupées sur le même point.

Nous avons bien aperçu la maison où est né le chansonnier Pierre Dupont, et, dès qu'on en a parlé, mon ami Pierre s'est mis à entonner « les Bœufs », puis « les Sapins ». On nous a désigné également la Préfecture, l'Hôtel-Dieu, l'église de la Charité où repose le frère de Richelieu, etc. Il y aurait encore d'autres monuments, les manufactures de soie, à visiter; mais il faudrait passer trois jours dans cette grande et belle ville, et le véritable but de notre voyage est l'Algérie.

Aussi, les bagages repris à l'hôtel, les adieux faits à nos charmants guides, prenons-nous place rapidement dans l'express de Marseille, et, en route pour le Midi !

La course du matin a donné de l'appétit aux touristes. A peine sortis de Lyon, nous inventorions les provisions que M. Meunier nous a fait remettre par groupes de deux ou de quatre. Jambon, poulet, gigot, fromage, fruits et gâteaux : quelle dînette nous allons faire, Georgette, ma sœur, Pierre et moi, car nous nous sommes réunis! Et l'on rit, et l'on se distrait de mille manières, tandis que défilent à droite et à gauche les coteaux du Rhône, couverts de vignobles. Bientôt apparaissent les mûriers, puis les amandiers en fleurs, et cette vue nous réjouit, nous qui avons laissé dans nos régions du Nord une nature encore endormie.

Mais voici que dans le lointain se dressent, d'un côté, les contreforts des Cévennes, de l'autre les ramifications des Alpes. Et chacun de se précipiter pour essayer de mieux voir. L'un de nous détache le gros Indicateur-Guide que la Compagnie du P.-L.-M. a placé si ingénieusement dans chacun de ses compartiments, et signale à l'avance les points curieux qui se voient du chemin de fer.

Nous passons ainsi par Vienne, Valence, longeant le Rhône, tantôt de tout près, tantôt à quelque distance; nous traversons l'Isère et la Drôme non loin de leurs confluents; à Montélimar, afin de laisser passer un train plus rapide que le nôtre, nous avons un arrêt assez long pour nous permettre une promenade aux abords de la gare. Nous en rapportons, Pierre et moi, d'excellent nougat que nous partageons avec Georgette et Jeanne.

En approchant d'Orange, les premiers oliviers apparaissent à nos regards. Mais déjà aussi se font sentir les effets du mistral : tous les arbustes sont inclinés vers le sud; les jardins sont coupés par des haies de roseaux, disposées de l'est à l'ouest et assez rapprochées pour garantir les cultures contre les violences du vent.

Un arc de triomphe de construction romaine,

que l'on visite à Orange avec les restes d'un théâtre et d'un amphithéâtre de la même époque, se voit de la gare. De même, à Avignon, les remparts et surtout le magnifique château des Papes, qui domine toute la ville, s'aperçoivent du chemin de fer.

Nous traversons la Durance, et bientôt nous sommes à Tarascon. « Tartarin ! » crient les loustics de la bande joyeuse. Et l'on se montre la tour de Beaucaire, du haut de laquelle, dans le récit d'Alphonse Daudet, Bompard faisait des signaux à Tartarin prisonnier.

Après Tarascon, Arles. Un des nôtres, M. Depaix, qui tient en main un gros carnet noir, s'empresse de noter : « Arènes bien conservées, vues de la gare. »

Cette fois, nous quittons le Rhône pour filer sur Miramas par la vaste plaine de la Crau. Les rangées de cyprès, qui protègent la voie ferrée contre le mistral, laissent à peine entrevoir l'immense étendue d'herbes sèches où paissent çà et là des troupeaux de moutons.

Un dernier et très court arrêt à Miramas, et nous atteignons les bords de l'étang de Berre, puis le tunnel de la Nerthe, et enfin Marseille.

Sous le vaste hall de la gare nous attendent plusieurs professeurs et instituteurs qui seront nos guides pour la soirée et le lendemain.

Quelques instants après nous sommes à l'hôtel. Les chambres sont vite réparties, nous faisons un brin de toilette et nous nous retrouvons tous à table, gais et bruyants comme on doit l'être à Marseille.

Je suis bien un peu fatigué. Mais, par contre, que de satisfactions! J'ai vu tant de choses déjà, nos com-

Arles. — Les arènes.

pagnons de route sont de si charmante humeur, que je me demande si ce n'est que d'hier que nous avons quitté Nancy.

Neuf heures. Les messieurs parlent d'aller faire un tour à la Canebière. Pour un bambin de mon âge, c'est l'heure de me retirer : je le fais de grand cœur.

---

# CHAPITRE II

## Marseille. — En mer.

Mardi, 7 avril.

Je descends un des premiers. A peine ai-je mis le pied sur le seuil de l'hôtel, que me voilà assailli par une nuée de cireurs de bottes. Ils crient, ils gesticulent, ils s'invectivent et se battent afin d'arriver plus vite à moi, dans l'espoir de gagner les deux sous que leur vaudra le coup de brosse donné à mes chaussures. Heureusement, d'autres touristes arrivent. Il y en aura pour tous.

Leur petite boîte prestement posée à terre, tous ces gaillards, dont le plus vieux a mon âge à peine, frottent à qui mieux mieux, rient aux éclats, jargonnent entre eux (la plupart sont napolitains) et paraissent se gausser de la police ou des garçons de salle qui leur donnent la chasse.

Mais, voici que nos guides viennent nous prendre. Ils nous conduisent sur la colline de Notre-Dame de la Garde, où nous arrivons par l'ascenseur. Quel spectacle magnifique! En face, la mer, la grande mer que je ne connaissais pas, comme beaucoup d'entre nous, du reste! Elle est d'un bleu vif, qui scintille sous les feux du soleil matinal; la brise en ride à peine la surface, ne soulevant que de faibles vagues qui viennent mourir au pied de la côte. Les roches nettement découpées se dressent à pic, bariolées de teintes vivaces, éclatantes de fraîcheur et de beauté.

Trois îles semblent défendre l'entrée de Marseille. La plus rapprochée, à quelques encâblures, est le château d'If, que tous les lecteurs de *Monte-Cristo* connaissent, forteresse construite par François Ier et qui a longtemps servi de prison d'État; à droite, voilà le quartier de pêcheurs qui s'avance sur cette pointe, et qui s'appelle les Catalans.

Nos guides nous indiquèrent le Frioul, qui sert pour la quarantaine imposée aux navires suspects; puis, dans le lointain, le phare du Planier, Martigues et les collines qui enserrent l'étang de Berre; ils nous firent distinguer, à droite, les diverses parties du vaste port : le Vieux-Port, la Joliette, le bassin

National. Enfin, au delà de la forêt de mâts qui les encombre, la ville s'étage en amphithéâtre. Nettement, se détachent les grandes artères : le Prado, les allées de Meilhan, la Canebière, et, comme pour nous servir de points de repère, surgissent des monuments, la Cathédrale, l'Hôtel de Ville, le Palais de Longchamps.

Nous avons peine à quitter la plate-forme de Notre-Dame de la Garde, tant ces choses sont nouvelles pour nous. Un coup d'œil sur la chapelle, dont les murs sont couverts d'ex-voto, apportés là par des marins naïfs, qu'un danger de mort, au milieu d'une horrible tempête, a rendus superstitieux, et nous gagnons l'ascenseur qui nous dépose au pied de la colline.

Par la belle et vaste avenue du Prado, nous arrivons au parc Borély.

La mer est à deux pas. Nous prenons plaisir à la contempler de nouveau. Et ce plaisir est d'autant plus vif que sa tranquillité nous rassure pour le soir, en nous promettant une bonne traversée.

Le tramway nous fait parcourir, pour rentrer en ville, toute la route dite de la Corniche, certainement une des plus agréables qui soient. D'un côté, la mer ; de l'autre, la colline, dont les frondaisons de verdure sont coupées par les chalets, les hôtels, d'une architecture riante et gaie qui captive les regards.

Cette promenade est un vrai régal.

Les amis qui nous pilotent pourront se vanter d'avoir utilement employé notre matinée, quand ils nous auront encore emmenés par la Canebière, le cours de Noailles et les allées de Meilhan, au palais

Marseille. — Le port de la Joliette.

de Longchamps, qui ressemble assez au Trocadéro de Paris. Les artistes de la caravane se délectent dans les galeries de peinture, tandis que les naturalistes s'attachent aux riches collections zoologiques et que les numismates couvent d'un œil d'envie les nombreuses médailles dont le musée s'est enrichi. Quant à moi, ou plutôt quant à nous, car nous sommes toujours quatre, c'est aux cigognes, aux lions, à l'ours blanc et autres animaux exotiques, que nous rendons visite.

Au déjeuner, figure la bouillabaisse traditionnelle. Les uns s'en délectent; d'autres, au contraire, font une moue significative. Mes parents m'ayant habitué à manger de tout, par principe, j'ai donc consciencieusement goûté à la bouillabaisse; je l'ai trouvée excellente, et je me suis fait compter au nombre de ceux qui en demandent pour le retour.

« Liberté entière jusqu'à trois heures, dit M. Meunier. A quatre heures, au bateau de la *Ville-de-Bône*. Départ à cinq heures précises. »

Nous allons faire un tour sur la Canebière; nous achetons des cartes postales que nous expédions aux amis de Nancy, et, à l'heure dite, nous sommes à l'embarcadère.

Dire que je n'étais pas un peu ému en mettant le pied sur le navire, serait un mensonge. Quand on s'embarque ainsi pour la première fois, malgré tout, il est impossible de ne pas se rappeler les récits de naufrage qu'on a pu lire, et on craint aussi le terrible mal de mer.

Heureusement que l'installation de chacun, sur le bateau, fait diversion. Comme les chambres d'hôtel, les cabines ont été retenues à l'avance. La nôtre, à quatre couchettes, est assez vaste. Elle est à peu près au milieu du navire, ce qui est plus avantageux, paraît-il. Nous y déposons vivement nos bagages. Ma sœur et moi nous nous coiffons d'une casquette, et nous grimpons sur le pont. C'est si amusant de voir tout le va-et-vient de l'embarquement : les voyageurs qui arrivent, les marchandises que les matelots descendent à fond de cale, les dépêches que la poste remet au dernier moment, etc., etc.

Mais la sirène fait entendre son mugissement. C'est le signal de la levée de l'ancre. Nos charmants cicérones nous serrent la main à tous. « Bon voyage! Bonne traversée! Au revoir! » Et ils passent du bateau sur le ponton d'embarquement dont bientôt, à un second coup de sirène, le navire se détache.

Les commandements brefs du capitaine résonnent dans la salle des machines, et la *Ville-de-Bône* évolue lentement. Majestueusement elle passe entre les navires à quai, tandis que nos amis, de loin, nous saluent encore et que nous leur répondons en agitant nos mouchoirs.

Voici la jetée, puis le Frioul, Notre-Dame de la Garde et le phare Planier; cette fois, les côtes nous apparaissent dans toute leur étendue, puis peu à peu s'abaissent et enfin s'effacent dans la brume. Nous ne voyons plus que le ciel et l'eau et, là-bas, vers le couchant, un point à peine perceptible : c'est le bateau d'Oran, qui a quitté Marseille en même temps que nous.

La mer est calme, la *Ville-de-Bône* file, sans roulis ni tangage, vers la rive africaine. Nous en sommes tous ravis, et, à l'heure du dîner, personne ne manque à l'appel.

Que faire ensuite? Quelques messieurs entament une partie de cartes; des dames font entendre leur jolie voix; un touriste, M. Leroy, nous sert les plus drolatiques morceaux de son répertoire; on s'amuse à de petits jeux de société, jusqu'à ce qu'enfin le sommeil nous attire dans les cabines, et bientôt on n'entend plus que le ronflement continu des machines et le clapotement de l'hélice.

Mercredi, 8 avril.

Le vent s'est levé durant la nuit, la mer est houleuse. « Fort peu », disent les matelots; assez cependant, pour que la moitié des passagers au moins soient souffrants. Moi aussi, et des premiers, je paie mon tribut au funeste mal. Sur le pont, dans les couloirs, se rencontrent des amis au visage pâle, étiré; ils regagnent précipitamment leurs cabines.

Les avisés, qui craignent le tangage et l'ont pressenti, n'ont pas quitté leur lit. C'est la meilleure façon, paraît-il, d'éviter le mal de mer ou de l'atténuer. Quant aux gens robustes, ils vont, viennent, circulent de l'avant à l'arrière, plaisantant les malades, leur rendant aussi le service de leur envoyer, par le garçon de salle, l'orangeade bénie qui soulage, mais ne guérit pas, hélas !

Vers les quatre heures, enfin, la mer redevient calme : les estomacs se raffermissent, les visages sourient de nouveau. Les touristes, sur le pont, devisent et causent joyeusement, interrogeant les officiers du bord sur l'heure probable de l'arrivée à Bône, dix heures sans doute.

Aucun navire, aucune terre en vue. De l'eau, rien que de l'eau de tous côtés ! C'est assez monotone. Aussi, avec mon ami Pierre, nous passons l'inspection du navire : nous parcourons les longs couloirs des premières, des secondes, sur lesquels donnent les cabines numérotées ; nous faisons un tour dans les salons, au fumoir ; nous hasardons un œil à l'entrée des cuisines ; malgré la défense, nous descendons près des machines, mais il y fait une telle chaleur que nous remontons au plus vite. Je suis, je dois le dire, émerveillé de l'installation de ces beaux paquebots, véritables villes flottantes. Tout y est luxueux, presque confortable, ma foi. Pierre est un philosophe. Rien ne le surprend, lui. « Les vaisseaux qui font la traversée de l'Atlantique sont bien mieux que cela, me dit-il. — Tu les a vus? — Non, mais je le sais, on me l'a dit. » Possible, après tout. Quant à moi, je trouve la *Ville-de-Bône* très bien. C'est peut-être parce que ce navire est le premier sur lequel j'embarque. Ferai-je jamais d'autres traversées, du reste?

Pendant nos pérégrinations, la nuit est venue. L'électricité resplendit partout, rayonnant seule sur la mer immense.

Vers les neuf heures enfin, un point lumineux paraît au loin. Il n'est pas bien brillant. Est-ce un phare? Est-ce une étoile?

Quelques minutes, et il est certain maintenant que c'est bien un phare de la côte algérienne. Il semble grossir à mesure que le bateau avance. Bientôt se découvrent d'autres phares; puis, c'est toute une masse de lumière au ras des flots. Cette fois, c'est une ville, c'est Bône.

Les passagers bouclent fiévreusement leurs valises, glissent la pièce aux gens de service et se préparent à descendre à terre. Mais il faut un long temps encore. Une heure au moins s'est écoulée depuis que la côte est en vue, et nous franchissons seulement la passe de Bône. Une demi-heure pour la manœuvre, cinq minutes pour la remise des dépêches au fourgon de la poste, et l'on nous permet enfin de débarquer.

Au même moment, nous voyons surgir une nuée de moricauds qui se précipitent sur nos bagages et veulent à toute force les emporter. Trop complaisants vraiment, ces messieurs. Nous sommes avertis heureusement; aussi résistons-nous à l'assaut. Bientôt, du reste, s'avancent les instituteurs qui nous attendent, comme toujours. L'un d'eux, M. Pajot, nous souhaite la bienvenue, en quelques mots nous indique ce que nous avons à faire : passer à la visite de la douane, remettre nos colis aux commissionnaires retenus à l'avance, et le suivre à l'hôtel tout proche. Quelques instants après chacun s'endormait, un peu plus au large que dans les cabines.

---

# CHAPITRE III

## Bône et ses environs. — Les vignobles. Les orangers.

Jeudi, 9 avril.

A sept heures du matin, toute la caravane est sur pied. M. Pajot et ses collègues sont là; des voitures nous attendent. Gaiement, chacun se case, un peu selon les sympathies qui déjà se sont créées, et, au trot rapide de nos petits chevaux, nous voilà partis.

Quel beau soleil! Quelle lumière vive! Sous un ciel sans nuage, les ombres s'accusent nettement, et tout le paysage se dessine avec des contours bien arrêtés.

Nous apprécions surtout la douceur de la température, et nous comprenons que l'on passe la mer pour venir chercher ici un hiver clément. Sur le littoral, la moyenne de l'année est, en effet, de 16 à 18 degrés. La neige est un phénomène rare, sauf sur les sommets de l'Atlas, et, quand il en tombe quelques flocons, elle a bientôt disparu. La gelée, aux environs de Bône, est à peine connue; les pluies elles-mêmes durent peu, pas assez même, au gré des agriculteurs. Pendant des hivers presque entiers, on a vu le soleil briller tous les jours, et la pluie ne tomber que la nuit.

Par exemple, le vent est plutôt fréquent. Aujourd'hui même, il souffle avec violence, et soulève sur les routes des tourbillons de poussière fort incommodants.

Tout ce que nous voyons dans cette première excursion est pour nous matière à surprise. Ce sont les petits décrotteurs, dans le genre de ceux de Marseille, mais pieds nus, à peine vêtus de la gandoura, que je prenais d'abord pour une chemise fort sale. Puis ces grands Arabes, maigres, au teint hâlé, qui déambulent gravement, drapés dans leurs burnous, et semblent rester indifférents à tout ce qui les entoure. Enfin, comme nous allons vers la campagne, c'est, le long des routes, la luxuriante végétation qui devance de plusieurs mois celle de nos pays. Chez nous, les bourgeons vont à peine éclore; ici tous les arbres sont en fleur; aloès, cactus, acacias, prennent des proportions gigantesques. Le cactus épineux, notamment, atteint deux et trois mètres. Il forme des haies épaisses, véritables barrières, qu'il ne doit pas être commode de franchir, à moins d'y laisser ses habits en lambeaux, et sa peau en lanières.

Nous passons par la route de la Corniche, bordée de riches villas; près du port où nous avons débarqué hier; non loin de la caserne des tirailleurs, près de l'hôpital civil. Nous nous arrêtons un instant au Pont-du-Diable, hardiment lancé au-dessus de la route, et d'où l'on jouit d'un remarquable coup d'œil sur toute la ville et ses environs.

Voici enfin le cimetière arabe. C'est, paraît-il, le mieux tenu, le plus riche des cimetières indigènes de l'Algérie. Le défunt y est apporté, enveloppé d'un linceul, et il est ainsi déposé dans le sol, sans cercueil, puis recouvert de terre.

Un tumulus, une pierre toute simple, forme la tombe du pauvre. Une plaque de marbre est l'apanage du riche. Presque toujours, un trou est creusé sur le côté, afin de permettre la causerie des vivants avec le mort. Au pied de la tombe ou au milieu, est aménagée une petite excavation où l'on dépose des aliments pour lui, du blé, de la viande, de l'eau même. On en renouvelle la provision tous les vendredis.

C'est le vendredi, en effet, que les femmes

arabes fréquentent les cimetières qui deviennent alors de véritables potinières. Après avoir rempli leur pieux devoir, elles se rendent visite de tombe à tombe, entre amies, causent, rient, mangent, se

Cliché L. Moebs.
Cimetière arabe un vendredi.

divertissent et prennent de la joie pour la semaine entière.

Le concierge de cette nécropole veut bien laisser les dames pénétrer dans son intérieur. Les messieurs finissent par s'y glisser un à un. Dès que la femme de l'Arabe aperçoit le premier, elle pousse un cri; mais, son mari ne manifestant aucun signe de mécontentement, elle se tranquillise, et, passivement, en souriant, nous montre sa chambre. Pas de meubles (le Coran le défend); des nattes sur le sol, et, à un mètre de hauteur environ, des tapis pliés, entassés les uns sur les autres. Les murs, blanchis à la chaux, sont très propres. Au-dessus de la cheminée, un chapelet arabe. Il y a là deux petites filles de mon âge, à peu près, dont les ongles sont teints en jaune par le henné. Comme leur mère, elles ont aux oreilles de grands anneaux d'or ou de fer. La chevelure de l'aînée est tellement comprimée dans un cordon de soie enroulé en spirale, qu'elle en devient rigide, et ressemble à une petite, mais solide cravache.

Sur le seuil, dans la cour, un bel oranger porte à la fois des fleurs et des fruits. L'Arabe hospitalier grimpe sur l'arbre et cueille des branches fleuries qu'il offre aux dames : « La manne ne fut pas mieux reçue dans le désert, » observe Mme Leroy.

Sortis du cimetière, nous filons, toujours au trot rapide de nos petits chevaux, par des routes bordées de plantes odorantes, derrière lesquelles s'abritent de riches et magnifiques villas. La grande Kasbah de Sidi-Ibrahim, le vélodrome, le cimetière français, défilent successivement devant nos yeux, cependant que nous croisons à chaque pas des indigènes qui chassent devant eux des ânes ou des mulets chargés de fourrages. Et ce mélange du monde oriental et de la civilisation européenne, si nouveau pour nous, ne laisse pas que de nous intéresser.

Mais nous voici bientôt à Hippone. Au bas d'une colline assez escarpée, les voitures nous déposent. Nos guides nous conduisent d'abord aux citernes. Elles couvrent une superficie de 675 mètres carrés, et mesurent 11 mètres de profondeur. L'eau qu'elles emmagasinent, pour être ensuite distribuée dans la ville de Bône, vient de La Calle, à 70 kilomètres de là. Ces citernes ont été construites depuis peu, sur l'emplacement, et avec les restes, des anciennes citernes romaines.

Quelques mètres plus haut se dresse la statue de saint Augustin, le célèbre évêque d'Hippone. Elle domine la ville et ses environs, elle domine la mer, la belle mer bleue, qui, à ce moment, sous les feux du plein soleil de midi, scintille et brille d'un vif éclat.

Je m'arrache difficilement à la vue de ce merveilleux panorama, pour grimper, un peu plus haut encore, à la basilique élevée en l'honneur de saint Augustin. Elle se dresse là, comme Notre-Dame de la Garde à Marseille, Notre-Dame d'Afrique à Alger.

Elle renferme, dit-on, le tombeau du saint. Mais le prêtre qui nous fait les honneurs du monument, un savant, à ce qu'il paraît, fort épris de la région, grand amateur de fouilles, restaurateur du passé, nous dit que les ossements du grand apôtre ont été dispersés, et que là ne se trouve qu'un bras.

Quelques érudits boivent les paroles du prêtre, tandis qu'il leur narre l'histoire de l'homme dont on sent qu'il a fait son héros, et qu'ensuite il leur fait admirer dans le temple les marbres si riches, si puissants de couleurs vives, que la région produit à foison. Notre attention, à ma sœur et à moi, est bientôt attirée par la présence, sur un autel des bas-côtés, d'une douzaine de petites colombes d'une blancheur immaculée. Sont-ils gentils, ces mignons oiseaux, qui paraissent là aussi tranquilles qu'en leur cage habituelle ! Ils roucoulent, ma foi, au milieu des fleurs dont l'autel est garni, et ne s'effarouchent pas de notre présence insolite. Ce sont les compagnes ordinaires du gardien de la basilique, ce prêtre à qui vont nos sympathies, autant pour sa bonhomie et son érudition sans pédantisme, que pour l'hémiplégie dont il est affligé, quoique jeune encore, et qui le cloue sur ce coin de la terre d'Afrique. Il affectionne ses petites colombes qui, d'ordinaire, ne quittent pas sa chambrette. Chaque année, il les apporte sur les autels de la *cathédrale* durant les jours saints, dont les offices attirent de nombreux visiteurs.

Quel dommage ! la lumière manque pour que les photographes puissent saisir cet original tableau vivant.

Notre matinée se termine par la visite du domaine Chevillot, dont le propriétaire en personne nous attend et nous sert de guide en même temps que de conférencier.

M. Chevillot, simple colon, eut l'idée, il y a quelques années, de creuser une cave assez profonde dans la vigne qui entoure sa demeure. Quelle ne fut pas sa surprise d'y trouver une mosaïque de toute beauté : le Triomphe d'Amphitrite ! Il creusa à d'autres endroits, et partout rencontra des merveilles : là, des mosaïques nouvelles; plus loin, un portique, des colonnades, et ainsi sa propriété se trouve être un musée en plein air, que les touristes se plaisent à visiter. Vraisemblablement elle occupe l'emplacement du palais du proconsul d'Hippone.

Les fouilles, par exemple, doivent coûter cher à ce bon monsieur Chevillot. Souvent, en effet, les mosaïques, par suite de circonstances qu'on ignore, sont recouvertes de ciment; pour les mettre à jour, il faut enlever minutieusement ce ciment, et, presque toujours, gratter à la pierre ponce, ce qui est très long.

Il est probable que la ville de Bône se rendra acquéreur de la propriété, pour en faire un musée public rappelant la splendeur de l'ancienne Hippone. Pour le moment, les cartes postales illustrées en donnent une juste idée, et par nos soins, vont porter à nos amis de France la vue, hélas atténuée ! de ces richesses.

L'après-midi, nous partons pour Guébar, ferme située sur la ligne de Guelma, près Mondovi, et appartenant à M. Bertagna, maire de Bône. C'est, nous dit M. Payot, une des plus importantes, sinon la plus importante de l'Algérie.

La Compagnie Bône-Guelma, toujours complaisante, a donné des ordres pour que le train s'arrête au passage à niveau qui se trouve juste en face de la ferme. Les messieurs descendent. Il y a quelque danger, paraît-il, pour les dames. Aussi, continuent-elles jusqu'à Mondovi où des voitures les attendent. Nous visitons la belle installation des chais, où se fabriquent et se conservent les vins. Le directeur de l'exploitation explique savamment des choses trop scientifiques pour que je puisse les comprendre rapidement. C'est pourquoi je me suis fait renseigner ensuite par mon père. Voici le résumé de ce qu'il m'a dit :

« En Algérie, de hardis colons ont créé de vastes exploitations, et, après de nombreux tâtonnements, des expériences toujours coûteuses, parfois ruineuses même, ils ont trouvé enfin une méthode de travail, qui leur donne aujourd'hui la richesse. La plupart partagent leur domaine entre la culture des céréales et celle de la vigne, des orangers, des plantes à essence, et aussi l'élevage. Mais la vigne tient presque toujours la plus large part, ayant depuis 1870 suivi une progression croissante.

« Ainsi, en 1871, on comptait 9.817 hectares; en 1881, il y en avait 30.200, et, en 1899, 155.019 hectares, donnant 4.520.418 hectolitres. C'est là, sans doute, un maximum qu'il serait peut-être imprudent de dépasser : les vignerons français se plaignant déjà de la mévente de leurs vins, la surproduction algérienne ne ferait qu'accroître le mal.

« Il n'est pas téméraire de fixer à un milliard la valeur des terrains plantés en vignes. Mais ce qui est particulièrement remarquable, ce en quoi les Algériens se sont distingués et ont dépassé le plus nos viticulteurs, c'est le progrès dans la vinification.

« La science a été mise à contribution, et, avec le soin le plus minutieux, on a créé des installations modèles pour la fermentation et la conservation des vins. Il y a trente ans, le vigneron habitait un gourbi et faisait son vin comme il pouvait, à la vieille mode. Par une température trop élevée, la fermentation première restait incomplète, mais se produisait de nouveau plus tard, au grand détriment de la qualité de la marchandise.

« Maintenant, plus rien n'est livré au hasard ni à la routine. Partout la science a pénétré; tout travail se fait par elle et avec elle. Des cuves ou bassins cimentés reçoivent le raisin. Un appareil réfrigérant, dont le modèle est très répandu, est installé tout contre, et maintient une température constante durant la fermentation du moût, qui est complète du premier coup. Le vin est alors de bon goût, de conservation sûre et de transport facile. Les caves sont elles-mêmes des monuments. Ce sont généralement d'immenses halls charpentés de fer, comprenant un rez-de-chaussée et un étage. Grâce aux murs épais du rez-de-chaussée où sont les réservoirs, la chaleur pénètre difficilement; d'autre part, le premier conserve une température de 27 à 28 degrés, mais préserve le bas qui reste avec une moyenne à peu près constante de 20 degrés.

« Dans de vastes celliers sont alignés de grands foudres renfermant de 400 à 410 hectolitres. A Guébar, il y en a 40. C'est vraiment imposant. Ces foudres de bois sont excellents pour les vins de conserve qu'ils aident à vieillir. Mais quand il s'agit de s'en servir plutôt comme réservoir en attendant un proche enlèvement, il y a toujours une évaporation inutile, d'où perte sérieuse.

« D'autre part, sous l'influence de la chaleur, ces futailles, si énormes soient-elles, se détériorent vite, et cependant elles reviennent à neuf francs l'hectolitre.

« L'ingénieux viticulteur a donc cherché autre chose et a fait l'essai de cuves carrées construites avec des briques à tenons et mortaises pour offrir plus de résistance à la poussée du liquide, et enduites de ciment. C'est excellent comme réservoir, mais d'un entretien un peu difficile comme propreté.

« On a trouvé mieux encore. C'est la cuve cylindrique en ciment aussi, avec revêtement de verre à l'intérieur, et bouchage à tampon de caoutchouc à la partie supérieure : c'est solide, c'est frais, c'est propre. »

J'ai mieux saisi sur-le-champ les explications que le directeur de la ferme nous a données sur la culture de l'oranger. Cet arbre demande un terrain fécond, suffisamment humide, et, chose essentielle, s'égouttant bien. Les pieds sont espacés de six mètres en tous sens. On les irrigue tous les huit ou quinze jours.

Autant que possible, les plantations sont faites par carrés d'un hectare, entourés sur les quatre côtés d'une haie de grands cyprès. On protège ainsi les orangers contre le vent, et on évite la chute du fruit qui doit être cueilli à la main, sinon il n'est plus vendable.

Comme la plupart des arbres fruitiers, les orangers donnent une bonne récolte sur deux. Le producteur intelligent s'arrange en conséquence pour avoir, quoique par alternance, des orangeries de grand rapport, et d'autres de rapport moyen.

Il y a l'oranger amer et l'oranger doux. Le fruit du premier ne vaut rien. On récolte la fleur entière pour la distillation. Ce travail dure cinq semaines, et commence vers le 10 avril. Pour l'oranger doux, dont il faut ménager le fruit, on secoue l'arbre au-dessus de toiles sur lesquelles tombent les débris des fleurs déjà fécondées.

C'est toute une administration que la direction d'une ferme de ce genre. Celle de M. Bertagna compte, en effet, 3.770 hectares de vignes, donnant une moyenne de 65.000 quintaux de raisin. La main-d'œuvre est fournie en partie par des détenus. Nous en apercevons dans les vignes, sous la surveillance d'un garde armé. Il y en a d'ordinaire 120, que l'on rétribue 1 fr. 20 par jour.

Une visite rapide à la cavalerie de la ferme, une apparition dans les bureaux où travaillent plusieurs comptables, et nous nous disposons à rejoindre la gare de Mondovi.

Mais sur les tables ont été disposés des rafraîchissements : vins blancs et vins rouges, vins secs et vins sucrés, tous produits par la ferme, et il faut y goûter.

Deux grandes corbeilles remplies de mandarines et d'oranges, de belles sanguines en particulier, ont été apportées à notre intention. Le directeur nous invite à les piller; et bientôt il n'en reste plus. Ce qu'elles sont savoureuses, ainsi fraîches cueillies, en pleine maturité ! Qu'elles laissent donc loin derrière elles les oranges que l'on nous vend, en France, à peine mûres, car, pour être expédiées au loin, il a fallu les cueillir sur le vert.

C'est à regret que nous quittons cette belle ferme, où nous avons reçu un si fraternel accueil, et, à pied, à travers ces cultures luxuriantes, dont nous n'avions pas jusqu'ici la moindre idée, nous gagnons le train, et, mêlés aux Arabes, nous rentrons à Bône.

Cette première journée était bien remplie. Aussi je n'accompagnais pas mes grands amis à une soirée que leur avaient ménagée les instituteurs de Bône. Leur inspecteur en tête, ils offraient à leurs collègues de France un punch d'honneur. On a beaucoup causé, paraît-il; on a bien ri, et c'est fort tard que l'on s'est quitté, heureux d'avoir ainsi fraternisé.

---

# CHAPITRE IV

## Constantine.

Vendredi, 10 avril.

Nous quittons Bône de grand matin, et nous nous embarquons pour Constantine où nous devons arriver sur les deux heures. Chacun de nous emporte un déjeuner froid dans une sorte de sac ou panier de jonc tressé, appelé *couffin*, qui nous servira tout le temps du voyage et dont plus d'un verra la France.

Il est, certes, très agréable de pouvoir franchir maintenant en chemin de fer les grandes distances qui séparent les principaux centres algériens; mais les trains sont peu nombreux, généralement deux dans chaque direction, un de jour, un de nuit. Il ne faut pas non plus compter sur des express : du 20 à 25 à l'heure, c'est presque le maximum. Par exemple, cette lenteur est avantageuse au touriste qui peut étudier presque à loisir le pays qu'il traverse. Nous sommes sur le réseau Bône-Guelma qui bientôt nous fait pénétrer à l'intérieur des terres. Nous allons donc voir dans toute son étendue la campagne algérienne. Et en effet, voilà Duzerville, puis le domaine de Guébar, que nous avons visité hier, puis Mondovi, Barral, Duvivier.

Le figuier, l'olivier, l'oranger s'entremêlent dans les exploitations européennes, que l'on distingue facilement des cultures appartenant encore aux Arabes. Les pâturages, les champs d'orge de ces derniers sont parsemés de milliers de gros chardons, que l'on prendrait volontiers pour des pieds d'artichauts. Des troupeaux de moutons et de chèvres paissent de ci, de là, non loin généralement de gourbis établis à mi-côte.

Il pleut : la journée est plutôt triste sous ces gros nuages bas qui nous rappellent trop nos climats du Nord. Aussi, bientôt délaisse-t-on le paysage pour s'occuper à de petits jeux : les amateurs de manille s'en donnent à cœur joie, et, d'un compartiment à l'autre, on entend M. Leroy qui contrefait quelque Anglais, ou un joueur qui coupe le manillon d'un partenaire, au grand désespoir de celui-ci.

Mais voici Guelma, puis Hamman-Meskoutine. Le train ralentit. Est-ce complaisance pour les voyageurs? Peut-être. En tout cas, ceux-ci peuvent facilement admirer les cascades.

L'eau chaude ici ruisselle sur la roche et tombe en minces filets jusque sur la voie; plus loin elle se précipite en nappes abondantes, bondit de roc en roc et lance des colonnes de vapeur qui se peuvent voir cinq minutes encore après que le train a dépassé la station.

A Kroubs, nous atteignons l'Est-Algérien, qui nous emmène à Constantine, où nous sommes reçus par M. Escurré, le collègue de M. Meunier. Par le pont El-Kantara nous pénétrons en ville. La rue Nationale est des plus animées.

A l'Hôtel de Ville, que nous visitons tout d'abord, nous pouvons admirer les riches et magnifiques marbres roses et rouges qui font l'ornement de cet édifice, et qui offrent d'autant plus d'intérêt qu'ils sont tous de la région.

Ce palais communal mérite vraiment que l'on y consacre quelques instants.

Nous nous rendons de là au palais du général commandant la place. C'est l'ancienne demeure du bey Hamed. Si l'extérieur paraît modeste, l'intérieur est des plus curieux.

C'est le type accompli du palais mauresque, avec

ses 296 colonnes, ses mosaïques, ses ornementations toutes de marbre. Trois jardins se succèdent, coupés par des galeries décorées de fresques naïvement amusantes : elles ont été, dit-on, barbouillées par

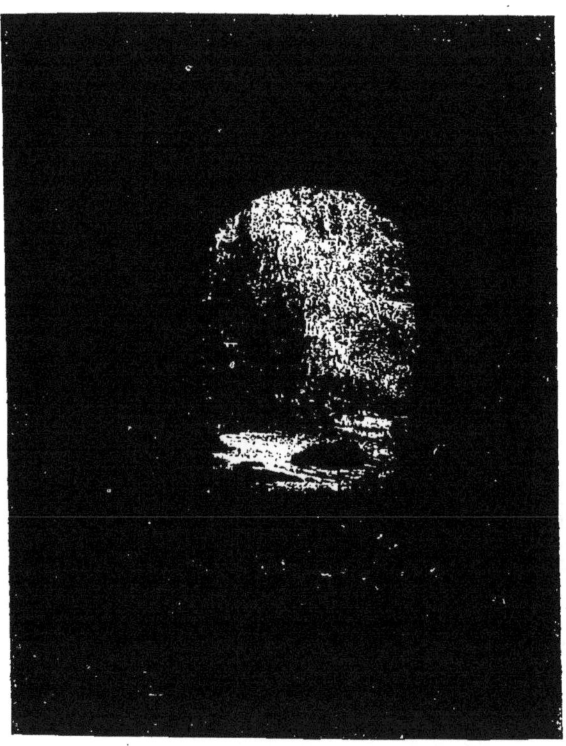

Cliché A. Leroy.

Ravin du Rummel.

un pauvre cordonnier captif dont ce travail sauva la tête. Elles représentent les principales villes de l'Algérie et de la Tunisie.

Entre autres curiosités, au milieu d'une cour, la

vasque dans laquelle les femmes du bey faisaient leurs ablutions; la piscine où elles se baignaient; l'emplacement de l'orchestre qui présidait à leurs danses; puis des antiquités romaines et africaines, notamment une statue qui daterait de dix-huit siècles.

On raconte que, au moment de la conquête par nos troupes, le bey s'enfuit avec sa favorite, laissant au harem ses 365 autres femmes.

A leur place, aujourd'hui, circulent dans ce palais, des sergents et des soldats d'administration, des *riz-pain-sel*, dit Félix Fossez, un ancien militaire d'un an.

Mais le grand attrait de notre séjour à Constantine doit être, bien entendu, le ravin au fond duquel serpente le Rummel. Déjà, à notre arrivée, à peine étions-nous sur le pont El-Kantara, que toutes les têtes se penchaient au-dessus du parapet, essayant de mesurer la profondeur de l'abîme.

On s'en fait une plus juste idée, quand on est descendu dans le fond même. La chose est aujourd'hui facile, grâce à des sentiers bien pratiqués, et surtout à la passerelle, dite *Chemin des Touristes*, accrochée au flanc de la roche, et dont le constructeur a la concession pour cinquante ans, ayant le droit de faire payer deux francs par visiteur.

On compte 126 mètres, du tablier du pont au

niveau habituel de la rivière. Les parois du ravin sont à pic, et par intervalles jaillit un mince filet d'eau, qui s'éparpille en une fine poussière liquide ou dégringole en cascade mousseuse, tandis que des anfractuosités multiples du rocher s'élancent ramiers, petits vautours roux et gypaètes, qui tournoient dans les airs ou filent avec la rapidité d'une flèche, jetant un cri strident qui frappe désagréablement le tympan.

La promenade est assez longue, car il faut parcourir le ravin jusqu'à la sortie du Rummel, dans la plaine. Et toujours, il présente quelque aspect nouveau : c'est le pont, dont j'ai parlé déjà, magnifique ouvrage d'art, dont l'arche centrale est hardiment lancée par-dessus deux autres rangées d'arches superposées ; c'est la succession de trois voûtes naturelles qui rompent ainsi l'unité du ravin et donnent l'illusion de grottes.

Les touristes ardennais font la comparaison avec les grottes de Ham, que, de leur pays, on a l'habitude de visiter. On y tire, disent-ils, un coup de canon à la sortie. Ici, sous la voûte principale, on a le plaisir d'entendre un ténor resté invisible, égrener quelques notes d'une mélodie langoureuse dont l'écho se répercute agréablement. C'est une trouvaille heureuse. On se prend bientôt à réfléchir sur la puissance des eaux qui se sont creusé un pareil chemin; on désirerait voir le torrent après une forte pluie; on cherche à se l'imaginer roulant avec fracas sur les rochers qui encombrent son lit, heurtant ses parois, bondissant furieux vers la plaine qu'on entrevoit par l'énorme échancrure de la sortie.

Pour le moment, il est presque à sec. On le traverse en sautant d'une pierre à l'autre. Même un Arabe, qui a jeté sa ligne à l'eau, dort à côté, nonchalamment étendu sur une roche qui émerge au milieu de la rivière, n'ayant aucun souci du bouchon qui flotte sur l'onde paisible.

D'ordinaire, il fait frais dans le ravin. Aujourd'hui, le vent qui souffle avec impétuosité le rend glacial. A la sortie seulement, quand on descend du Chemin des Touristes au ravin de Sidi-M'Cid, on retrouve un peu de chaleur.

Le paysage alors est charmant : de l'eau, de la verdure, des bouquets d'arbres, et, là-haut, perchée sur sa roche, la ville aux maisons pressées que dominent de nombreux monuments, puis la gigantesque entaille du ravin, l'entrée sombre d'un tunnel : voilà de quoi tenter les amateurs de photographie. Aussi, s'empressent-ils de braquer leurs appareils.

Ils en ont l'occasion encore, avant de rentrer en ville, par une route tantôt accrochée au flanc des rochers, tantôt passant à travers de courts tunnels. Le paysage est vraiment grandiose. Notre curiosité enfin est surexcitée par la visite du quartier arabe. Sur 46.000 habitants que compte Constantine, il y a 24.000 indigènes, et jamais on ne croirait qu'une pareille masse est entassée dans un aussi faible

Cliché A. Leroy.

La diligence.

espace. Mais aussi, quelles rues sordides! Et cependant, que d'animation et d'entrain!

Chaque ruelle est occupée par les ouvriers d'un même métier, selliers, menuisiers, tourneurs, ciseleurs, bouchers, etc. Les boutiques ou ateliers sont ouverts sur le devant, et le passant peut, à loisir, assister au travail de l'ouvrier ou de l'artiste.

Georgette, Jeanne et moi, nous nous arrêtons à chaque pas, intéressés par cette vie active, d'un genre si nouveau pour nous. L'Arabe continue son travail, impassible; sans que notre curiosité le gêne en rien. La cigarette aux lèvres, une tasse de café près de lui, quelque outil rudimentaire en main, celui-ci martèle le fer, cet autre cisèle le cuivre, tandis qu'un tisseur brode quelque étoffe. Ici, dans un café, sur des nattes accroupis, les joueurs de dominos ou de cartes, et toujours les fumeurs de cigarettes. Là, le pâtissier et ses beignets à l'huile. « En désirez-vous, mademoiselle? — Oh! quelle moue dédaigneuse! — Préférez-vous ces brochettes de foie? — Vraiment, vous êtes bien difficile! Serait-ce parce que Mohammed les manipule de ses doigts graisseux? Serait-ce que cette envolée de mouches vous dégoûte? — Oh! alors, faites un effort sur vous-même, car, en ce coin isolé, vous oserez à peine vous hasarder dans un dédale de misérables huttes où l'habituelle vermine qu'entretiennent les Arabes pullule plus que partout ailleurs, où ne gîtent que des malheureux étiolés, amaigris par les privations, marqués pour la plupart des traces de la petite vérole. »

Il est à remarquer, en effet, que la moitié au moins des Arabes sont ainsi affreusement défigurés.

Beaucoup aussi sont borgnes. Nombreux également les aveugles. Le grand soleil du plein midi y est pour quelque chose, paraît-il; mais sans doute aussi cette maladie horrible. Et dire qu'ils sont rebelles à la vac-

Cliché A. Leroy.

Constantine. — Marché arabe.

cination! Quand donc pourrons-nous être victorieux de la nonchalance qui entretient cet état de choses?

Nous serions volontiers restés longtemps dans ce pittoresque quartier arabe, à déambuler dans ces rues étroites, tortueuses, montantes, souvent voûtées, au milieu de ces grands fantômes blancs, qui semblent glisser plutôt que marcher; où, en fait d'Européens, pour le moment, il n'y a guère que nous et quelques zouaves qui passent en chantant. Mais, c'est l'heure du dîner et nous remontons vers l'hôtel, en passant par la place de la Brèche. M. Escurié nous indique quelques points restés célèbres à la suite des deux sièges que subit la ville, puis deux monuments qui en rappellent le souvenir : la colonne Danrémont, la statue Vallée.

Le soir, les messieurs et quelques dames sont retournés au quartier arabe, plus animé, plus pittoresque encore que le jour, dit-on. J'aurais bien voulu les y suivre; mais ma mère nous a emmenés, Jeanne et moi, vers notre chambre, et nous avons pris un repos bien gagné.

Le lendemain, nous étions tous debout de bonne heure, et, en attendant le départ, nous allions courir les boutiques. Bientôt je prenais plaisir à voir le trafic des mercantis juifs.

Plusieurs touristes s'approvisionnent déjà de souvenirs algériens. C'est alors à qui se les arracherait : « Moi, justice, monsieur! Moi, vendre pas cher à toi! — Viens, belle madame, moi, justice! — Toi content, tu verras! » Ce qui n'empêchait pas tous ces beaux amis de la justice de vous demander carrément dix francs d'un objet qu'ils vous cédaient ensuite pour deux francs ou trente sous, en prenant Allah à témoin qu'ils y perdaient, et que c'était tout bonnement pour s'attirer vos bonnes grâces, dans l'espoir que vous leur enverrez d'autres clients, qu'ils tâcheront d'écorcher de même, en invoquant toujours la même justice.

Et les babouches brodées, et les coupes ciselées, et les boucles de ceinture, bracelets et poignards, que sais-je? de s'entasser dans les poches des touristes.

Tout y aurait passé, je crois, s'il n'eût fallu se rendre à la gare.

Chemin faisant, nous croisons une diligence qui arrivait de je ne sais plus quel centre éloigné. Bourrée jusque sous la bâche de voyageurs, presque tous Arabes, et de colis, les six chevaux qui la traînaient devaient faire effort pour la remorquer.

« Cela rappelle, dit mon père, les antiques diligences qui couraient la poste sur les routes de Lorraine, avant l'arrivée du chemin de fer à Nancy. »

---

# CHAPITRE V

## Biskra.

Samedi, 11 avril.

Donc, le samedi, à huit heures, nous prenions le train pour Biskra, point terminus de notre voyage vers le Sud. A peine installés dans un beau wagon de seconde que la Compagnie de l'Est-Algérien mettait à notre disposition exclusive pour toute la durée de notre trajet sur son réseau, nous nous faisions part de nos impressions sur la ville que nous allions quitter. Chacun avait un fait curieux à noter. Mme Leroy, entre autres, nous raconta qu'au moment de partir de l'hôtel, un enfant de huit ans qui s'offrait à porter ses bagages, ayant aperçu un sien parent, s'empressa de le saluer à la méthode arabe, c'est-à-dire en lui prenant la main et la baisant, puis la portant à son front : « Son père, nous dit l'Arabe, a acheté une fille pour ce petit. Elle n'a que dix-huit mois. Il l'épousera lorsqu'il aura treize ou quatorze ans. En attendant, il lui donne une robe tous les ans. » — « Es-tu content, lui dit Mme Leroy, d'avoir une femme? — Oh! dit l'autre, il s'en moque. » Mme Leroy lui ayant demandé s'il n'était pas juif : « Si tu n'étais pas une femme, répondit-il, je te casserais la figure! »

La réflexion un peu vive de cet Arabe est l'occasion d'une longue discussion entre tous ces messieurs de la caravane sur la question juive en Algérie et ailleurs. Nous autres enfants n'y prenons point part. On se contente seulement de nous dire à ce sujet qu'un homme, de quelque nationalité qu'il soit, est toujours respectable, s'il est honnête.

Je me mets à la portière et je m'amuse à compter les nids de cigognes perchés sur les eucalyptus. En un espace de moins de cent mètres, le long d'un petit ruisseau, j'en compte douze, un sur chaque arbre presque. En Algérie, les cigognes sont respectées comme en Alsace. Par suite, elles ne craignent pas la présence de l'homme. Elles nichent sur les cheminées, sur la cime des arbres qui avoisinent les habitations. La chose leur est facile. En effet, les eucalyptus, les platanes, abandonnés à eux-mêmes, atteindraient une grande hauteur, et, leur tête touffue donnant large prise aux vents, ceux-ci en auraient facilement raison. Pour obvier à cet inconvénient, presque toujours on les coupe à une dizaine de mètres. L'extrémité supérieure de l'arbre forme alors plateau, et la cigogne y établit son large nid. Tantôt on l'y voit, perchée sur son pied et claquant du bec, tantôt elle plane au-dessus, formant une large tache blanche dans le ciel bleu.

Plusieurs instantanés sont pris, car la cigogne ne fuit pas devant l'objectif.

Il n'en est pas de même des indigènes, même des tout jeunes, que l'on aperçoit aux abords des gâres. La vue de l'appareil suffit à les effaroucher; les adultes tournent brusquement le dos; les enfants, comme une volée de moineaux, disparaissent en piaillant, et même la promesse d'un sou ne peut les retenir.

Jusqu'à Kroubs, nous faisons à nouveau, mais en sens inverse, le trajet de la veille. Bientôt après, nous sommes à El-Guerra, bifurcation des lignes de Biskra et d'Alger. L'animation est très grande. Outre notre caravane et une autre de Versaillais, qui va aussi passer le jour de Pâques à Biskra, il se trouve beaucoup de voyageurs qui se dirigent vers Alger pour assister aux fêtes présidentielles. Plusieurs chefs arabes sont au buffet. L'un d'eux, un colosse, très richement habillé, porte toute une brochette de décorations, parmi lesquelles la croix de la Légion d'honneur, celle du Mérite agricole, les palmes académiques. Tandis qu'il s'entretient familièrement avec plusieurs de ces messieurs, Jeanne nous fait admirer ses bijoux, de grosses bagues, une chaîne d'or à mailles énormes, le tout orné de pierres précieuses. Il s'aperçoit certainement de l'admiration qu'il excite, car il tire aussitôt une tabatière d'or massif, non moins riche et qui vaut, dit-il, par son travail et ses incrustations, plus de dix mille francs. Quel nabab!

Mais le train siffle; il faut regagner le wagon. Nous quittons le cheik, que plusieurs devaient revoir à Alger, sirotant son absinthe, comme un vulgaire chrétien, au café de Bordeaux.

Après El-Guerra, les cultures ne tardent pas à disparaître peu à peu. Plus de villages. De loin en loin, deux ou trois tentes, et, épars dans la plaine nue, quelques troupeaux.

La voie ferrée passe entre deux petits chotts, près de la station appelée « les Lacs ». Ils sont déjà desséchés en partie, et la croûte blanche du sel déposé sur les bords brille à faire mal. Les voyageurs y courent, car il n'y a ni haies, ni barrières, le long de la voie, et le train n'est jamais pressé de partir. Enfin les employés y mettent, disons-le, la plus large complaisance. Donc, en une seconde, dix, quinze, vingt touristes, sont à ramasser ce mélange de terre et de sel et à y goûter. Il a assez de saveur. Les indigènes, par suite, le récoltent pour leur usage personnel.

Il paraît que, l'hiver, le gibier est très abondant sur ces lacs; canards, bécassines, flamants, etc.

Les terrains cultivés reparaissent un peu dans la région de Batna; les hauteurs sont couronnées de forêts de cèdres. Puis, c'est à nouveau le désert et ses rares gourbis, et nous ne tardons pas à saluer la première troupe de chameaux.

M. Meunier nous raconte qu'à ce même endroit, il y a deux ans, le train dans lequel il était avait croisé un vol de sauterelles, qui se dirigeait vers le Nord, et que, deux heures durant, il en avait été comme enveloppé. C'étaient des sauterelles de la forme et de la taille de la grosse sauterelle verte de France; mais elles en diffèrent par la couleur jaunâtre.

Elles ne sont pas d'ordinaire un danger immédiat, n'étant guère redoutables par elles-mêmes. Mais, malheur aux régions où elles s'abattent! Elles y déposent leurs œufs, et, à l'éclosion, des myriades de criquets affamés dévorent toutes les récoltes, mettant à nu, en quelques instants, d'immenses espaces. Le seul espoir sérieux des colons est que le vent du sud chasse jusqu'à la mer le terrible insecte.

Souvent, par leurs cris, ou bien en frappant sur tous les objets de métal qui leur tombent sous la main, les indigènes essayent d'effrayer les sauterelles et de les obliger à aller s'abattre plus loin. Mais, en supposant qu'ils réussissent, ils ne font jamais que déplacer le danger. Même en mettant les soldats à la disposition des colons pour arrêter la marche des criquets après l'éclosion, soit par des feux, soit par des fossés creusés en avant de leurs masses, on n'arrive que très imparfaitement à les détruire.

Malheur aux régions où les criquets s'abattent.

C'est donc un terrible fléau que celui-là, et une bien grande calamité quand le malheureux colon voit anéanti en quelques heures son travail d'une année.

Depuis longtemps déjà la chaîne de l'Aurès se profile à l'horizon. Elle se rapproche peu à peu. On distingue plus nettement les contours des mamelons qui, suivant la remarque d'une dame, figurent assez exactement une troupe nombreuse de gigantesques éléphants accroupis et serrés les uns contre les autres.

Sur le flanc de ces montagnes, vivent des troglodytes, retirés dans les anfractuosités de la roche. Ils y parviennent à l'aide d'échelles qui les mettent ainsi à l'abri des pillards.

Le chemin de fer enfin franchit un oued, l'El-Kantara, puis s'engage dans les gorges du même nom. Quel coup d'œil ! Ces masses énormes, qui se dressent à pic sur la droite et sur la gauche, de loin sont jolies à cause de la variété des tons : le blanc vif, le jaune d'or, le carmin et le mauve s'y marient de la façon la plus heureuse, produisant des effets qui dépassent toute conception artistique.

Mais, au fur et à mesure qu'on s'en approche, ce jeu des couleurs s'atténue, puis s'efface, et il ne reste plus que cette vision de la roche gigantesque qui domine le défilé et semble menacer de vous anéantir en vous écrasant de son poids.

A la sortie des gorges, sur la droite et en contre-bas, l'oasis d'El-Kantara, la première de la terre algérienne. Les palmiers touffus se pressent, abritant sous leur ombrage les maisons en terre des Arabes. Cette tache noire, au milieu de l'immensité grisâtre, cette richesse et cette vie perdues au sein de la pauvreté et de la mort, sont un contraste frappant qui fait qu'on s'y intéresse davantage encore.

« Biskra ! Biskra ! Tout le monde descend. »

Cliché A. Leroy.

Gorges d'El-Kantara.

Tout le monde descend, en effet. Pour le moment, le chemin de fer s'arrête là, aux portes du désert, semblant reprendre haleine avant de s'élancer, à travers les sables, à la conquête définitive du Sahara et du Soudan.

Biskra est bien la cité orientale, au milieu d'un paysage de l'Inde. De magnifiques jardins, largement arrosés, tout fleuris, très ombrés ; des hôtels avec galeries au rez-de-chaussée et aux étages, pour mieux protéger les salles contre les ardeurs du soleil; des monuments dans le style mauresque, notamment la Poste et l'École communale, qui sont de vrais bijoux; des palmiers partout : telle est cette ville, à l'entrée d'une des oasis les plus riches.

Nous sommes conviés, bien que nous n'y soyons pas descendus, à visiter le Royal-Hôtel, dont le luxe et le confort conviennent aux riches Anglais qui y viennent nombreux. Une tour carrée qui surmonte le bâtiment principal domine toute la ville et ses environs. De la terrasse de cette tour on a vue sur le désert immense. A l'heure où nous arrivons, le soleil va se coucher : aussi a-t-on peine à s'arracher à ce spectacle nouveau. Par delà l'oasis, de vastes espaces se déroulent, à peine ondulés comme la mer; les derniers rayons du soleil jettent sur le sol dénudé une teinte mauve, rouge et pâle, qui donne à l'ensemble un air de désolation et de tristesse. Malgré soi on se prend à fouiller l'horizon; on voudrait que l'œil allât plus loin encore chercher le secret de cette immensité; on songe aux petits Français qui parcourent cet au-delà sous les plis du drapeau national, développant notre influence au prix de mille sacrifices. On se sent comme pris soi-même d'un violent amour de l'inconnu, on regrette presque d'avoir à revenir aux réalités du présent.

Après le dîner, nous allons tous en bande dans un café maure. Si le café est excellent, la musique et les danses ne nous intéressent que médiocrement, et bientôt nous prenons le chemin du Casino où, tour

Cliché A. Leroy.

Cavaliers arabes.

à tour, on peut s'offrir la vue de danses d'almées, de danses soudaniennes, et l'audition de chansons parisiennes, le jeu des petits chevaux ou du baccara, passant ainsi par toute la gamme d'une bâtarde civilisation franco-algérienne.

Nous espérions y trouver les exercices des Aïssaouas. Nous fûmes déçus, et nous dûmes nous contenter du récit que nous fit M. Meunier d'une séance à laquelle il avait assisté, au cirque d'Alger, en 1901.

« Les artistes étaient, nous dit-il, une dizaine sur la scène, munis de leurs tambourins. Après qu'une musique somnolente les eut, semble-t-il, hypnotisés, l'un d'eux se détacha du groupe et, suivant une mesure plus mouvementée, sauta, gambada, lança la tête d'avant en arrière à se désarticuler les vertèbres, puis croqua à belles dents une feuille épineuse de cactus, et, tranquillement, avec la satisfaction d'avoir bien rempli son rôle, alla reprendre sa place au milieu du groupe. Et successivement, avec les mêmes préliminaires, l'un s'enfonça un clou dans le crâne, un autre se fit porter, ventre nu, sur la lame d'un poignard, un troisième avala un scorpion, tandis que son voisin broyait du verre avec ses mâchoires. Mais l'air placide de ces fantoches, la tranquillité avec laquelle ils reprenaient leurs tambourins pour tapoter à nouveau et accompagner celui qui les remplaçait sur la scène, me confirment assez dans cette opinion que les épines avaient été enlevées du cactus, que les scorpions étaient veufs de leur appendice venimeux, et que je ne m'étais pas trompé quand j'avais pensé voir se glisser un mouchoir entre la lame du poignard et le nombril de l'opérateur. »

Bien que des amis m'aient affirmé la sincérité de ces exercices, aujourd'hui même encore, j'ai peine à y croire.

Au retour du Casino, notre attention fut attirée par de nombreux coups de fusil. Faisant un détour, guidés par une rumeur singulière qui allait toujours croissant, nous tombions bientôt, au détour d'une rue, sur un attroupement de deux cents indigènes, les hommes d'un côté, debout, plusieurs armés, les femmes accroupies sur des nattes devant la porte d'une maison où, dans la journée, s'était célébré un mariage. Quelque chanteur ou pleureur, dont c'est la profession sans doute, se lamente en une sorte de mélopée triste et plaintive, à laquelle les femmes répondent par des *you! you!* joyeux, en frappant sur leur bouche. Les hommes, eux, font parler la poudre et jonglent avec leurs fusils. Cette fête dure depuis plus d'une heure, et se continuerait fort avant dans la nuit, si un agent de ville ne venait dire : « C'est fini! » et, docilement, toute la bande des burnous blancs et des voiles blancs défile placidement devant nous, chacun rentrant en sa demeure.

Nous les retrouverons encore à la même place demain soir, car, à chaque mariage d'indigènes quelque peu fortunés, il y en a pour quatre ou cinq soirées.

---

## CHAPITRE VI

**L'oasis. — Le désert. — Intérieur arabe. Le marché. — Sidi-Okba.**

Dimanche, 12 avril.

Il est six heures, et déjà les voitures nous attendent. M. Doux, le directeur de l'École communale, est notre guide. Quelques tours de roue, et nous voilà en rase campagne. On y voit de belles prairies, de vastes champs d'orge, des orangeries, et surtout de riches palmeraies. Les dattes de Biskra ne sont-elles pas les plus renommées du monde entier?

A une faible distance de la ville, on visite une colline qu'occupait jadis un quartier du vieux Biskra, et où se voient encore quelques ruines. C'est là que le 5 mai 1844, après la prise de Biskra par le duc d'Aumale, une compagnie qui tenait garnison fut surprise en pleine nuit et massacrée. Un sous-officier seulement eut la vie sauve, ayant passé la nuit hors du camp.

Une centaine de mètres, et nous entrons dans la superbe oasis, l'une des plus belles de l'Algérie. Elle compte des milliers de palmiers de toute beauté, formant un immense dôme de verdure sous lequel s'abritent les maisons des Arabes, construites en terre, et dont les seules ouvertures sont une porte basse et deux ou trois petites lucarnes. Ailleurs que sous ce toit de feuillage, la vie serait impossible durant les fortes chaleurs de l'été.

Toutes les propriétés sont soigneusement closes de murs en torchis ou en *tabis* (briques séchées au soleil) surmontées de branches épineuses. Nous suivons un étroit chemin emprisonné entre deux murailles de ce genre. A droite et à gauche court un ruisseau qui sert à l'irrigation des jardins. Cette eau est dérivée de l'oued Biskra ou sort de sources suffisamment abondantes. Dans l'oasis, l'eau est une propriété plus précieuse que le sol, la terre n'ayant de valeur qu'autant qu'elle peut être copieusement arrosée. On vend, on achète, par titre notarié, une part déterminée d'eau, comme on ferait d'un lot de terre. Tant d'heures, sur tel ruisselet. Et, en face de la propriété, un barrage en bois de palmier porte une échancrure calculée selon l'importance des droits de l'occupant, et lui permet de prendre, quand son tour est venu, la quantité d'eau à laquelle il a droit. Tout se passe bien, paraît-il, et très rares sont les contestations.

Cliché L. Moebs.

Les palmiers du Vieux-Biskra vus du fort.

On irrigue toutes les cultures et plantations : légumes, céréales, arbres fruitiers. « Les pieds dans l'eau et la tête dans le feu, » disent les Arabes du palmier, pour caractériser les genres de culture et de climat qui lui conviennent. Autour de chaque palmier est en effet creusé un trou de 50 centimètres de profondeur environ : une rigole, partant d'une artère principale, y amène l'eau.

Le palmier est la principale ressource de l'oasis. On en distingue une trentaine d'espèces au moins. Les uns élargissent leurs feuilles à quelques mètres du sol; les autres portent leur tête à 20 mètres de haut. Il demande beaucoup de soins à l'époque de la fécondation. Afin de perdre moins de place, on ne conserve qu'un ou deux palmiers mâles par jardin, ce qui serait insuffisant pour une fécondation naturelle. Au moment voulu les Arabes coupent une fleur mâle, et, du sommet d'un palmier femelle, en secouent le pollen sur le régime en fleur. L'opération doit se renouveler au fur et à mesure de l'éclosion des régimes. On désigne ainsi les groupes de fruits, qui peuvent arriver au poids de cinq à six kilogrammes.

Les dattes se cueillent en octobre. La valeur de la récolte varie, cela se conçoit, selon les arbres et aussi les années. Elle peut aller de 3 à 50 francs par pied.

Les impôts sont payés au pied, et aussi d'après les espèces. Le montant est de 30 à 50 centimes.

Les indigènes n'ont pas d'autre bois que le palmier. Il leur sert à tous les usages, pour la charpente ou la menuiserie, si tant est qu'on puisse appliquer ces termes aux grossiers ouvrages que nous avons vus.

Ils tirent aussi de la sève de l'arbre, en coupant

l'extrémité des jeunes rameaux, un vin de palme, blanchâtre, fade, qui n'a pas le don de nous captiver.

Sous les palmiers sont plantés des oliviers, des orangers, des figuiers. A leur ombre, on cultive des légumes ou des céréales. En ce moment, il y a de l'orge en herbe, de l'orge en épis, de l'orge moissonnée : on sème pendant toute la durée de l'hiver, quand on voit venir la pluie, échelonnant les semailles, afin de pouvoir mieux irriguer.

En ce moment même, aux confins des terres cultivées, une centaine d'Arabes sont occupés à couper de l'orge, avec des faucilles, à mi-hauteur de la tige. Quand ils en ont une forte poignée, ils la lient, et, à dos de cheval, l'emportent dans des filets. Parfois aussi ils la battent sur le sol même.

Les moutons viennent ensuite paître parmi les chaumes; pendant un an le terrain restera sans produire, et, après avoir vaguement écorché la surface du sol, l'Arabe sèmera à nouveau, sans aucun engrais, bien entendu, quelques poignées d'orge qui lui rendront une maigre récolte.

Soigneusement exploité, que ne produirait pas, cependant, ce riche terrain !

C'est dans ces champs d'orge que, tout l'hiver, le chasseur peut s'en donner à cœur joie sur la caille. « Autrefois, pour huit heures, au moment d'entrer en classe, dit M. Doux, j'en tuais facilement une vingtaine. Maintenant, j'arrive encore à une dizaine, quoique ce gibier se fasse plus rare. » Serait-ce parce que les chasseurs, eux, abondent, et, faut-il le dire, beaucoup ayant oublié de prendre le permis réglementaire.

Notre séjour à Biskra n'eût pas satisfait les touristes, si au programme n'avait figuré une excursion au désert. La plus habituelle est celle du col de Sfa. Non moins intéressante la randonnée que nous avons faite, vers les dunes de sable, en sortant de l'oasis.

Par des sentiers à peine tracés, qui n'ont pas, je suppose, la prétention d'être des chemins, nos voitures nous emmènent à travers la plaine de sable. Un petit vent frais atténue les effets d'une température à laquelle nous ne sommes pas habitués, et c'est une course délicieuse que nous faisons.

Bientôt les équipages s'arrêtent : des monticules de sable, des dunes de dix à douze mètres de hauteur, leur barrent le chemin.

Ici aujourd'hui, demain, dans une heure, à plusieurs centaines de mètres, ces masses se déversent en pentes douces du côté opposé au vent, et s'arrêtent brusquement, presque à pic, se dressant comme une muraille, du côté où le vent souffle.

Nous escaladons la dune. Nos pieds enfoncent dans le sable fin et chaud. Pierre me pousse; je roule au bas du talus, au milieu des petits moricauds qui nous ont suivis pour avoir un sou, et qui essayent d'attirer l'attention par des pirouettes et des gambades. On leur jette de la menue monnaie, et ils se roulent dans le sable, qu'ils fouillent à pleines mains, retrouvant les sous qu'ils fourrent ensuite dans leur bouche : c'est leur porte-monnaie.

Cliché A. Leroy.

Chameaux en marche vers le sud.

Pendant ce temps, je suis remonté sur la dune, et bientôt Pierre, dont l'attention était attirée ailleurs, allait rejoindre au bas les jeunes Arabes. A mon tour de rire.

Quand nous nous sommes bien rassasiés de la vue de cette immensité de sable dont les ondulations rappellent assez une mer agitée; quand, vers l'horizon lointain, nous avons deviné dans cette blanche réverbération le phénomène si fréquent du mirage; quand, lassés de demander des sous qu'on se fatigue à leur donner, les gamins ont eu fini de nous exploiter à nouveau, en nous vendant des crottes de chameau ou des fleurs arrachées aux rares plantes du désert, nous reprenons le chemin de Biskra.

M. Doux nous conduit chez un riche caïd qui nous reçoit dans une pièce où l'ameublement européen se mêle à l'oriental : une table, un buffet, des chaises, un réveille-matin même, une bibliothèque, des glaces, voilà de quoi nous confondre. Nous en faisons la remarque à notre guide : « Ces meubles, dit-il, sont là à titre de curiosité. Ils ne peuvent servir : le Coran le défend. Mais c'est d'une extrême richesse de posséder tout cela. Vous ne le verrez guère que là. » Au milieu d'une cour intérieure, dans un berceau entouré d'une moustiquaire, est un bébé d'un mois, le fils du caïd. Il a déjà les ongles teints.

Les dames sont admises à voir la mère de l'enfant. Tous les messieurs doivent sortir, et moi avec eux. Nous attendons au dehors, à l'ombre de grands arbres près desquels passe un ruisseau bourbeux. Les gamins qui nous ont suivis au désert, ou d'autres pareils (je ne saurais dire, car ils se ressemblent, tous aussi court-vêtus) demandent encore des sous. Et comme aucun de nous ne se laisse fléchir, un des plus fûtés s'écrie : « Jette-là, m'sieu ! » en désignant le ruisseau. Quelques sous tombent aussitôt, et nos artistes de s'élancer dans l'eau, de s'y bousculer, de barboter jusqu'à ce que les sous soient retrouvés et prestement engloutis dans la bouche du vainqueur.

Mais voici les dames qui sortent. Je me précipite vers Mme Leroy et lui demande de me renseigner. « Je t'écrirai cela, me dit-elle, et te donnerai quelques notes. » De fait, voici ce qu'elle m'a communiqué :

« Quand les dames furent restées seules dans la demeure du caïd, la femme, qui guettait du haut d'une terrasse, descendit un escalier rustique en poussant de petits cris de frayeur, craignant sans doute de voir surgir des hommes. Et cependant, du haut, elle les regardait à la dérobée. Elle était en grande toilette : robe de soie bleue damassée, bijoux énormes, ongles teints. C'est une belle créature de dix-huit à vingt ans. Son mari en a vingt-deux. Une autre femme s'est glissée près d'elle : c'est sa belle-sœur. Elle est presque sale, sans bijoux. « C'est « parce qu'elle est veuve, nous dit-on; elle ne se « pare pas, en signe de deuil. » Une servante est aussi d'une malpropreté repoussante. La femme du caïd étant riche et n'ayant pas à travailler, ne sort pas. Elle passe son temps à sa toilette. Son mariage, comme tous les mariages arabes, s'est contracté sans qu'elle se soit vue avec son fiancé. Ce sont les mères qui se sont entendues entre elles, et la cérémonie s'est faite quand le futur eut versé le prix convenu aux parents de sa femme. On conçoit, dès lors, que souvent l'union soit mal assortie. Aussi les divorces sont-ils fréquents. C'est ce qui explique la simplicité des formalités à remplir. »

Sortant de la demeure du caïd, nous suivons plusieurs rues du vieux Biskra, et toujours se dressent les maisons en terre, sans ouverture autre que la porte, afin de ne pas laisser pénétrer la chaleur ; en guise de toiture, une terrasse plate, la pluie étant si rare.

Nous passons à côté d'un énorme cyprès, le seul de l'oasis, dont la cime dépasse de plusieurs mètres les plus grands palmiers, et qu'on distingue fort bien des hauteurs voisines. Nous arrivons aussi à une école arabe que plusieurs visitent. C'est une petite salle très pauvre, à peine éclairée. Il n'y a point de matériel d'enseignement. Assis en rond, les élèves ont devant eux les tables de la loi ; le maître, armé d'une longue baguette pour corriger les turbulents, leur fait lire ou plutôt crier, chanter le texte, puis l'expliquer.

Sur la lisière de l'oasis, on traverse un cimetière

arabe. Rien ne le distinguerait des terrains avoisinants, sans les petites buttes de terre qui indiquent les tombes. Quelle différence avec celui de Bône !

Enfin, notre caravane fait son entrée au Jardin-Landon, « le paradis terrestre », hasarde ma sœur

Cliché A. Leroy.

Une rue du vieux Biskra.

Jeanne. Cette propriété particulière, dont on permet volontiers la visite, est la plus ravissante que nous ayons vue. Il y a des fleurs à profusion, des palmiers de toute beauté. En parcourant les allées, sous une ombre fraîche et épaisse, aspirant un air embaumé de mille senteurs, on éprouve une vive impression de bien-être. Comme il doit faire bon vivre dans ce coin délicieux! Quel contraste avec le désert presque nu qui se déroule à peu de distance!

Mais le temps passe vite, trop vite au gré des touristes qui voudraient pouvoir rester plus longtemps au milieu de ce site ravissant. Il est dix heures. Le soleil a monté, et darde ses rayons qui nous pénètrent et nous assomment. Il faut rentrer en ville. Nous passons par le village nègre, composé de huttes de terre non abritées par des palmiers. Aussi, quelle température!

En attendant le déjeuner, quelques personnes font des commandes de dattes, que le vendeur se charge d'expédier en France sous la forme de gracieux colis postaux. Pierre et moi, nous allons faire un tour au marché couvert.

Là, on se trouve en plein monde musulman, et nous pouvons saisir sur le vif un côté des mœurs indigènes.

Les marchandises sont jetées à terre ou sur des tables, dans un pêle-mêle inimaginable. A côté de légumes bien frais, des quartiers sanguinolents de mouton et de chèvre traînent sur le sol. Après entente avec le client, le boucher taille, déchire, dans une envolée de mouches, le morceau demandé. Des articles en alfa, tels que nattes, tresses, cabas, voisinent avec les côtelettes ou les quatre miches de pain qui sont tout l'étalage d'un grand diable mélancoliquement accroupi non loin des tas de mandarines, de citrons, bananes, qui jettent une note plus

Cliché L. Moebs.

Femmes sur leur terrasse.

gaie sur l'ensemble, et embaument ce coin du marché.

Puis, ce sont des olives à l'huile, grosses comme des noix, des boisseaux d'avoine, de farine granulée, pour la confection du couscous, des dattes molles, pétries et serrées dans des peaux de bouc, autour desquelles bourdonne un essaim de mouches; enfin, dans un panier, des dattes sèches. Mohamed, toujours accroupi, les genoux au menton, les couvre à moitié de ses loques, et, en guise de passe-temps, les remue, les tripote, les fait sauter dans ses mains sales; tels les enfants qui jouent avec de petits cailloux ou des osselets. Quelques cordons bleus ont installé leur marmite sur deux pierres. Ils sont très entourés. L'un brasse des fèves dans un chaudron; pour deux sous il en sert une grande écuellée qu'il arrose de jus de piment. Un autre fait mijoter le couscous, ou griller sur la flamme des quartier de mouton, des brochettes de foie découpé en menus morceaux qui alternent avec de la graisse. Et les clients, assis alentour, l'assiette sur les genoux, mangent à même avec les mains.

Il se dégage de cette table d'hôte une odeur de rance, qui, pour peu qu'on séjournât trop longtemps dans son voisinage, provoquerait à nouveau le mal de mer.

Nous nous heurtons à la sortie à des ballots d'alfa, à des chameaux d'aspect repoussant, à des ânes qui ont le cuir tanné, usé. Seraient-ils galeux, les pauvres? Le chameau rend d'énormes services à l'homme dans ces contrées. Ne pourrait-il vraiment s'acquitter envers lui par quelques soins d'une propreté tout élémentaire?

Enfin, un peu à l'écart, comme s'il voulait s'éloigner de tout bruit, se recueillir dans un isolement nécessaire à ses méditations, le tireur d'horoscope.

Cliché L. Moebs.

Biskra. — Marché arabe.

Le Coran, un plateau garni de sable fin, voilà son matériel. Sur le sable préalablement égalisé, bien uni, il applique plusieurs fois de haut en bas l'extrémité de la main, et, d'après le nombre des empreintes laissées par les doigts, Allah invoqué, je suppose, l'oracle parle.

Quatre ou cinq fervents font cercle autour du bonhomme et suivent religieusement le mouvement de sa main. Est-ce hasard, est-ce calcul? le nombre des trous varie chaque fois, et sans doute aussi la parole du maître.

Ne rions pas, messieurs. Nous avons nos somnambules.

Mais il fait de plus en plus chaud. Nous cherchons un refuge contre la chaleur, et le trouvons dans les hôtels et les cafés *ad hoc*, tous avec une galerie extérieure qui donne ainsi plus d'ombre et de fraîcheur. Et tandis que circulent orangeades et citronnades, nous sommes assaillis par les marchands de lézards vivants ou empaillés, d'objets ciselés, de broderies en fils d'argent, colliers en crottes de gazelle. L'un de ces camelots nous offre même une gazelle, pauvre petit animal si gracieux sur ses jambes fluettes, et qu'on voudrait voir gambader dans son désert plutôt que traîné misérablement par la corde de son bourreau.

Une mention spéciale au déjeuner de ce jour. Afin de nous faire goûter aux mets régionaux, notre hôte nous sert le couscous, que chacun trouve délicieux, puis un civet de gazelle, non moins succulent. Pourquoi faut-il que ce plat soit fourni par ce gentil petit animal dont nous admirions la grâce, ce matin encore, dans le jardin de l'hôtel?

Que l'homme est donc égoïste et cruel!

Mais, vite, dehors! Un photographe nous attend

dans le square qui est devant l'hôtel. Nous nous plaçons sous un énorme palmier, dont les branches en éventail donnent une ombre suffisante, et l'objectif est braqué sur nous. Dans un mois chacun de nous

Cliché L. Moebs.

Caravane au départ.

recevra en France un souvenir précieux de notre séjour à Biskra, la « *Ville de joie* », la « *Cité du Soleil* », et aussi et surtout des aimables compagnons de route dont la gaieté et la bonne humeur s'affirment chaque jour davantage.

En voiture encore, et, cette fois, en route pour Sidi-Okba!

Il faisait chaud, j'étais fatigué déjà; aussi mes douze ans ne purent résister à une nouvelle course de 18 kilomètres. Dois-je l'avouer? Je m'endormis. Aussi, craignant d'avoir mal vu, mal observé des choses cependant bien intéressantes, je demandai à l'un de mes grands amis, M. Cornuel, de me donner son avis sur cette promenade.

Voici ce qu'il voulut bien m'écrire :

« Mon petit ami,

« Vous me demandez mes impressions sur Sidi-Okba. Je vous les livre à bride abattue, sans suite, sachant que vous saurez fort bien en tirer ce qui vous est nécessaire, pour mieux fixer vos souvenirs, ainsi que vous le désirez.

« Tous les candidats au certificat d'études me mépriseraient, si je leur avouais que je suis allé de Biskra à Sidi-Okba, dans le Sahara, sans voir de sable. Et c'est vrai pourtant.

« Pas de sable, mais de la terre sèche, sans végétation aucune; une sorte d'argile qui s'élève en colonnes de poussière brune, sous les pas des chevaux et des voitures. Car, par une dérogation forcée à notre souci de la couleur locale, ce sont des voitures qui nous emmènent, des voitures traînées par des chevaux, — arabes par exemple. Et le cocher de la nôtre, lui aussi, est arabe, mais en gros veston de

Cliché L. Moebs.

Indigènes se reposant.

velours. Un turban de sale mousseline blanche rappelle seulement le costume de sa race. Çà et là, vers la droite de la sorte de piste de chameaux que nous suivons, on distingue des groupes de tentes aplaties contre le sol. Ce sont des campements de Bédouins.

Des hommes là dedans sont accroupis, seule position que permet l'infime hauteur du logis. Les enfants courent en troupe derrière les voitures. J'admire leurs mollets nerveux et secs, et les grands yeux noirs dans les faces brunes.

« Les petites filles, d'un mouvement vif, nouent solidement entre leurs jambes les loques qui leur servent de jupes, et elles trottent éperdument comme les garçons, en quête de sous que nous leur jetons.

« Ces enfants ne rient pas, comme ceux que nous avons vus ce matin. Nomades moins familiarisés avec les « Roumis », ils ne disent pas un mot, tandis que nos gardes-du-corps de Biskra répétaient inlassablement : « P'tit sou, m'sieu ! » ou bien « M'ci, m'sieu ! » avant même qu'on leur ait donné la piécette qu'ils quémandaient.

« Ils excellaient aussi aux gambades et aux grandes roues sur les chemins.

« Ici, c'est une course muette, avec l'interrogation des grands yeux toujours fixés sur nous.

« Mes compagnons de voiture sont Mlle et M. Châtelain, ainsi que M. Bernard. Nous semons du billon. Mais une petite Bédouine de huit ans environ, toujours en arrière, n'en profite jamais. Je descends pour l'attendre : elle s'arrête à cinquante pas. Les autres fuient à toutes jambes et prennent la même distance respectueuse. Je multiplie sans succès les mimes engageantes. La petite regarde, toujours grave, et ne bronche pas. Enfin deux Arabes passent et sourient dans leur barbe, comme ils savent sourire : des dents. L'un d'eux adresse quelques mots à l'enfant. Elle se décide à venir tout doucement, ne regardant que ma main tendue. Plusieurs pauses encore, puis elle est là tout près, les jarrets tendus pour bondir, m'arracher les sous et fuir vers le campement. Aussi prompt qu'elle, je la saisis, et, sans qu'elle sourie ni fasse un geste, je la soulève et l'embrasse. Les deux Arabes, arrêtés, regardent d'un air stupéfait, puis rient. M. Bernard bat des mains et veut voir dans l'embrassade d'un grand diable de Flamand blond et d'une petite Bédouine noire le symbole de l'alliance future, plus fraternelle, entre la vieille Europe et la jeune Afrique. L'alliance présente aurait pour symbole plus adéquat une simple matraque, à moins que ce ne soit un sabre.

« Voici surgir au loin les palmiers de Sidi-Okba, la cité sanctifiée par le tombeau du conquérant de l'Afrique du Nord, le fondateur de Kairouan.

« A 300 mètres avant d'y arriver, une surprise : nos cochers nous arrêtent devant une guinguette où nous allons prendre des rafraîchissements rendus nécessaires par l'absorption préalable d'une masse énorme de poussière. J'ai dit une guinguette, et c'est bien cela, en effet. Il y a des tonnelles, avec, sur les pancartes, le prix des consommations. On se croirait à Billancourt, sur les bords de la Seine; seulement les pancartes sont accrochées aux branches de grenadiers en fleurs, que la banlieue parisienne n'a jamais connus.

« L'instituteur indigène est venu à notre rencontre, et nous partons avec lui vers la ville. A la porte du petit bouchon qui nous a *désorientés*, nous croisons une vieille négresse portant un vase de cuivre rouge. Elle est édentée, remplie de cicatrices hideuses; des plaques de cuivre parent sauvagement ses oreilles et son cou. L'instituteur me dit : « Elle vient d'arriver de Mourzouk par Touggourt. » Elle s'est arrêtée à nous regarder, et rit de toute sa grosse bouche vide. Est-ce une esclave échappée des convois qui, par Mourzouk, traînent à Tripoli le gibier humain capturé aux villages soudanais? Je le pense vaguement. La vue de toutes ces cicatrices m'y incite. De peur d'obtenir une réponse certaine, je ne demande plus rien, et mon imagination s'élance. Je ne songe plus à la guinguette de banlieue; me voilà en pleine Afrique, à quelques journées de marche du pays d'horreur dont rêva mon enfance. A partir de ce moment, ma sensibilité s'aiguise étrangement.

« Et rien, pendant le temps de la visite de Sidi-

Okba, rien ne viendra contrarier cette impression première.

« Sidi-Okba n'est pas une ville à moitié euro-

Cliché L. Moebs.

Sidi-Okba.

péenne comme Biskra. Notre gargotier est le seul Européen que j'y aie vu. Encore demeure-t-il à 300 mètres de la ville, comme je l'ai dit.

« Nous passons dans des rues d'une étroitesse paradoxale, le pied des murs empiétant sur elles les fait creuses comme des ravins. A peine çà et là quelques ouvertures minuscules sont pratiquées dans les murs à une certaine hauteur, et on ne voit point de tête y paraître, même voilée. Je n'ai pas souvenir d'avoir aperçu une femme à Sidi-Okba.

« En revanche, les hommes y grouillent. Appuyés en groupes aux murailles, ils s'effacent à peine pour laisser place de temps en temps à un bourricot dont la charge de dattes a peine à passer dans certaines ruelles.

« On nous regarde plus ici qu'à Biskra; les *Roumis* y sont plus rares. En même temps on sent dans l'attitude des indigènes quelque chose de plus hautain et de volontiers sarcastique. J'ai voulu faire dire à l'instituteur, un grand gaillard à barbe noire, ce que ses compatriotes lui criaient en le voyant passer à mon côté. Il ne s'y est décidé qu'après plusieurs instances : « Ils me disent, répondit-il, que j'ai trouvé mon frère. » En effet, nous étions de même taille. J'imagine pourtant qu'il devait s'y joindre quelque autre épigramme moins bénigne; mais, avec la façon de parler qu'a ce peuple, il ne faut préjuger de rien. L'arabe a des sonorités si rauques que la conversation la plus placide prend pour l'auditeur prudent un caractère agressif et violent.

« Je manie, à la porte d'une échoppe de cordonnier, des babouches de cuir jaune fleuries de rouge. L'homme qui travaille ne relève même pas la tête. Un jeune garçon, un apprenti sans doute, allonge le cou au bout de quelques minutes, et, à la demande de l'instituteur, répond par un mot. « Trop cher, » me dit l'instituteur, et je pars, ébahi de cet esprit commercial à rebours.

« Au reste, la grande affaire n'est-elle pas de se mouvoir le moins possible. Le boucher d'à côté est la démonstration vivante de cet axiome de sagesse arabe. Il est accroupi sur une natte au fond de sa boutique profonde. Il a les yeux mi-clos et tient entre les doigts une longue feuille de palmier. Il la remue de temps à autre, dans l'espoir vague de faire peur aux mouches qui pullulent sur le quartier de mouton accroché à la devanture. Mais comme il n'y a pas moins d'un mètre entre le quartier de viande et la feuille de palmier, les mouches peuvent opérer en pleine quiétude. Elles en profitent, et, sous leur masse noire, bleue ou verte, on a peine à deviner la couleur de la marchandise. Mme Leroy, à cette constatation, est prise de petits soubresauts d'horreur.

« Nous voici devant la célèbre mosquée de Sidi-Okba. Le minaret est plutôt bas, sans rien des proportions élégantes que nous verrons aux édifices de même genre à Alger.

« Mais ce n'en est pas moins là un centre de piété et d'études musulmanes. Nous entrons sur le côté du monument, blanchi à la chaux. Le mufti et le muezzin viennent nous recevoir, tous deux aimables et souriants. Le mufti parle un peu français, et le gros de notre troupe s'engage avec lui. Mais M. Bernard et moi, qui sommes plutôt fureteurs, nous préférons passer à la suite avec le brave muezzin qui nous recueille et nous conduit sans autres explications que son bon sourire dans une face tannée, ridée et salée de poils blancs.

« Il nous mène au tombeau du conquérant, écarte un rideau ; on ne voit rien du tout, mais, avec ensemble et gravité, nous faisons, M. Bernard et moi, le salut militaire le plus correct. Le muezzin sourit de plus belle, flatté de voir cette marque de respect, le seul qu'il connaisse de nos gestes de politesse européenne. Je vais mettre le comble à sa joie, lorsque, ayant avisé près du tombeau une étrange aquarelle représentant la vénérable pierre noire de La Mecque, je prononcerai, la montrant du doigt, ce seul mot : *Kaàba*. Il me regarde attentivement, d'un air surpris et ravi à la fois. Ma facile érudition m'a valu tout son dévouement.

« Il nous va mener dans une sorte de cloître où les nombreux étudiants qui peuplent la mosquée sont en train d'apprendre leur leçon. Ils lisent le

Coran, puis le récitent à haute voix. C'est une remarquable cacophonie. Notre arrivée n'excite d'ailleurs aucune curiosité; pas un étudiant n'a levé les

Cliché L. Moebs.

Sidi-Okba. — Maisons arabes.

yeux de dessus son livre, ni interrompu la mélopée commencée. Quelques-uns ont entre les mains des exemplaires en parchemin, enluminés de rouge, qui émeuvent mon âme de bouquiniste impénitent. J'approche de l'un d'eux, et, multipliant pour l'amadouer des gestes d'admiration auxquels il ne semble aucunement prendre garde, j'étends la main sur le livre sacré. Vlan! un coup sec de ses doigts osseux claque sur ma main, et, un peu ahuri, je regarde le bon muezzin qui n'a pas cessé de sourire, mais dont les yeux malins disent clairement : « Tant pis, tu l'as voulu! »

« Nous sortons. Le soir va bientôt venir. Une fraîcheur tombe du ciel qui pâlit. C'est l'heure de la promenade pour les oisifs de Sidi-Okba. Nous rencontrons deux groupes d'admirables jeunes gens aux figures claires de patriciens. Leurs burnous sont de laine fine et s'ouvrent à demi sur des sortes de pourpoints de soie claire, jaune citron, améthyste, rose pâle. Ce sont les élégants qui viennent, la cigarette aux lèvres, faire leur « tour de boulevard » à l'heure habituelle. Et certes, on ne rencontrerait guère, *aux Italiens*, d'aussi merveilleux gaillards. Comme eux, nous faisons un tour en ville, au marché; partout et toujours des Arabes, rien que des Arabes. Sur les 5.000 habitants de Sidi-Okba, on ne compte en effet que neuf Européens dont six Français. — Mais bientôt les voitures nous reprennent. On frissonne un peu de froid. — Je suis obligé de suivre les chevaux au pas de course pendant deux kilomètres, pour me réchauffer. Le ciel est resté d'une étrange pureté, et, derrière nous, à gauche de la ville qui s'efface, le soleil gonfle immensément son orbe orangé que strient des bandes de vapeurs violettes.

« La dernière vision que j'ai gardée de Sidi-Okba est celle d'une apothéose qui faisait flamber dans la pourpre et l'or les hauts bouquets de palmiers qu'elle dresse au bord d'un monde mystérieux.

« Voilà, mon cher Camille, écrite au courant d'une plume rapide, mon impression de Sidi-Okba.

« A-t-elle été la même pour tous ? Je ne sais. Ce qui est certain, c'est que la plupart des touristes ont paru enchantés de leur promenade.

« E. CORNUEL. »

Tous se sont bien amusés, en effet, et au retour se sont intéressés beaucoup aux caravanes qui, par divers chemins, venant du sud, arrivaient à Biskra.

Plusieurs chameaux portent des palanquins renfermant la femme ou les femmes de l'Arabe, ainsi que les enfants. Une étoffe drapée en une sorte d'éventail les cache à tous les regards. C'est aussi un Arabe emporté par son cheval rapide, et, derrière, à califourchon, et voilée, naturellement, sa femme s'accrochant à lui, l'ayant accompagné, chose rare, dans sa promenade ou son voyage. Voici enfin des chameaux, à la porte ou dans la cour d'un caravansérail, délestés de leur charge, agenouillés, mangeant l'herbe fraîche, se désaltérant à l'onde claire d'un ruisselet.

Nous avons peine vraiment à nous détacher de ce monde, dont les habitudes et les mœurs sont si différentes des nôtres.

Après le dîner, malgré la fatigue, nous retournons encore dans les mêmes rues, rencontrant les mêmes types, retrouvant la même animation dans les cafés maures, nous arrêtant à voir les indigènes jouer aux dominos, leur passe-temps favori. Nous faisons enfin bonne provision d'impressions fortes et vivaces, sentant fort bien que dans quelques heures nous allons quitter pour ne le revoir jamais, sans doute, ce coin de terre si original.

Encore une soirée à passer à Biskra, à bien nous pénétrer de son charme, et, de bonne heure demain, par l'unique train de la journée qui se dirige vers le nord, en route pour Batna et Timgad !

---

# CHAPITRE VII

## Batna. — Timgad.

Lundi, 13 avril.

Sur les dix heures du matin, nous débarquons à Batna. Ce n'est pas pour Batna même que nous nous arrêtons, mais pour Timgad, l'ancienne ville romaine, qui se trouve à 38 kilomètres vers l'est. Quelle course, mes amis !

Nous avons déjeuné dans le train, afin de gagner du temps, et bientôt nous nous installons dans des diligences attelées de trois petits chevaux qui filent d'une allure vertigineuse.

Et il fait chaud !

Un de nos guides, adjoint de M. Utéza, directeur

d'école, se trouve dans la même voiture que moi. Il nous donne sur la région d'intéressants détails.

« Batna, dit-il, est une ville de création française. La commune compte une population de 7.000 habitants, dont près de 4.000 indigènes, qui sont en dehors de l'enceinte, au village nègre, dans la campagne avoisinante.

« Batna est le chef-lieu d'un arrondissement qui compte trois communes de plein exercice : Batna, Lambèse, Biskra, et cinq communes mixtes. La commune de Batna s'étend sur 20.000 hectares.

« Batna ne fut d'abord qu'un point de ravitaillement installé en 1844, au moment de l'expédition de Biskra, que dirigeait le duc d'Aumale. Au début, l'administration militaire n'était nullement d'avis d'y créer un centre important. Tout au plus pensait-elle y établir un centre agricole avec un fortin qui commandât la route suivie par les nomades dans leurs pérégrinations bisannuelles. L'antique Lambèse lui paraissait tout naturellement désignée pour devenir le centre de la domination française. Le hasard en décida tout autrement. Quelques fournisseurs venus avec la colonne expéditionnaire avaient élevé des baraques autour du camp. Leurs intérêts et la théorie du fait accompli l'emportèrent sur la logique et les leçons de l'histoire. Au lieu de faire sortir de ses ruines la célèbre ville romaine, siège de la légion d'Auguste, on y créa une simple colonie pénitentiaire, et Batna devint le chef-lieu d'une importante subdivision militaire. La dénomination de *Nouvelle Lambèse*, donnée primitivement à cette ville naissante, ne put prévaloir sur le nom de Batna, sous lequel les Arabes désignaient ce point à mi-chemin entre Constantine et Biskra, où ils pouvaient trouver de l'eau pour eux et leur bétail. Littéralement, *Batna* signifie, en effet, *endroit où l'on passe la nuit*.

« Batna est devenue un joli petit centre, bien que située à 1.060 mètres d'altitude. C'est, sans contredit, la plus coquette ville des Hauts-Plateaux, dans le département de Constantine. Elle affecte la forme d'un grand rectangle entouré de remparts. Les rues sont larges et coupées à angle droit. La plupart sont plantées d'arbres de belle venue. Dans les voies principales, les maisons généralement sont à un étage; elles ne comptent qu'un rez-de-chaussée dans les rues secondaires. Ajoutez à cela que la propreté des rues est légendaire dans le département, et que les maisons sont également l'objet, surtout en ce qui concerne la façade, d'un soin constant de propreté. Il y a peu d'édifices à Batna. A voir cependant : l'hôtel de ville, l'hôtel de la subdivision, le théâtre, la mosquée du village nègre. Contigu à la ville, se trouve le Camp, qui en est séparé par un mur d'enceinte. C'est, comme la ville, un grand rectangle où sont réunis les établissements militaires et casernes, que comporte une garnison de 1.500 hommes.

« Grâce à elle, depuis longtemps la sécurité est satisfaisante dans la région. Depuis l'insurrection de 1871, alors qu'un certain nombre de bûcherons et de meuniers ont été massacrés dans la campagne par les indigènes révoltés, on compte peu de crimes commis par les Arabes sur les Européens. Il n'y a guère à citer que l'assassinat dans cette ferme, dite de la *Grande-Halte,* que vous apercevez là-bas, à 200 mètres à peine. Le fermier devait quitter le pays avec sa famille. C'était la dernière nuit qu'il passait là. Des Arabes qui, dit-on, avaient eu à souffrir de sa brutalité, vinrent l'assassiner ainsi que trois autres personnes, dont un enfant qui avait d'abord pu se cacher derrière ce puits, mais fut découvert néanmoins, ayant involontairement fait quelque bruit. Les coupables, au nombre de cinq, furent exécutés à Batna, au milieu même du marché aux bestiaux, en présence d'une foule considérable d'Arabes. L'exemple a servi, et, à part quelques vols isolés de grain et de bétail, on a peu à se plaindre du voisinage des indigènes.

« L'eau, continue notre aimable guide, est abondante à Batna. Jusqu'à ces dernières années, de nombreuses fontaines, placées à chaque carrefour, coulaient à jet continu. Mais depuis que le *tout au ruisseau* a été remplacé par le *tout à l'égout*, on a dû se servir de l'excès d'eau pour organiser des chasses automatiques, nécessitées par le peu de pente du terrain. Des travaux de drainage pratiqués dans les environs assurent l'alimentation en eau potable d'une partie de la ville; l'autre partie reçoit l'eau du puits artésien foré en 1892, par M. Jus, ingénieur civil, créateur de la plupart des puits du Sud algérien. L'eau provient d'une profondeur de 110 mètres. Le débit est d'environ 300 litres par minute, et la température de l'eau est de 21 degrés. L'eau provenant du drainage, au contraire, ne dépasse pas 14 degrés, ce qui dispense d'user de la glace en été. Un deuxième puits, foré dans la partie haute de la ville, vers le Camp, donne 120 litres à la minute. Enfin, on vient de creuser, au village nègre, un troisième puits qui va chercher, à quelques mètres de profondeur seulement, une première nappe jaillissante, dont le débit de 15 litres à la minute suffit à assurer l'alimentation de ce quartier. Outre cela, chaque maison ayant sa pompe, c'est environ 1.000 litres à la minute qui sont livrés à la consommation publique. C'est un chiffre raisonnable, comparé à celui de certaines villes du département, où l'on ne peut guère, durant l'été, laisser les fontaines couler que trois ou quatre heures par jour.

« Le climat de Batna est rigoureux. En été, la température atteint jusqu'à 40 degrés, et, en hiver, le thermomètre descend jusqu'à 10 au-dessous de zéro. On observa même 15, en 1891. La neige y est assez fréquente. Malgré ces différences entre l'extrême chaud et l'extrême froid, le climat n'est pas débilitant comme celui du bord de la mer. La chaleur d'été est assez élevée, mais sèche; d'autre part, la fraîcheur des nuits permet le repos.

« Les montagnes qui avoisinent Batna sont littéralement couvertes d'arbres d'essences diverses : de fort beaux cèdres, qui atteignent entre 25 et 35 mètres, et sont utilisés pour la charpente ou l'ébénisterie, car, en vieillissant, le cèdre prend le ton de l'acajou; le pin d'Alep, le chêne-vert, le genévrier, le frêne épineux, et un peu l'érable. Malheureusement on reboise peu, et l'action pastorale est telle que le reboisement naturel est très difficile. Nos agents forestiers ont beaucoup de peine à défendre aux indigènes de conduire leurs troupeaux de chèvres dans les forêts. D'autre part, tous les arbres fruitiers du centre de la France se plaisent dans la région de Batna; mais les gelées blanches compromettent trop souvent la récolte. Elles atteignent également la vigne; aussi met-on peu d'empressement à en étendre la culture.

Dans les environs de la ville, enfin, il existe des

gisements importants de minerais. Deux concessions sont en exploitation. Elles produisent du zinc à l'état de calamine, que l'on traite sur place par la production de l'oxyde de zinc. On en expédie tous les jours, en France et en Europe, des quantités relativement

Cliché L. Moebs.

Lambèse. — Le Prætorium.

considérables. Mais on n'en est encore qu'à la période de début. Les travaux de recherches qui sont journellement effectués dans les mines ont fait découvrir de véritables richesses pour un avenir qu'il faut espérer très prochain. »

Tandis que notre guide nous intéressait ainsi à la

contrée que nous traversions, nous avions passé par Lambèse, et nous arrivions à Timgad.

Lambèse! C'était pour moi, jusqu'ici, la vague indication d'un pays de souffrances, mon histoire me l'ayant signalé comme lieu de déportation sous le second empire.

En effet, un vaste bâtiment carré, où sont encore les détenus arabes, se dresse à l'angle du chemin. A l'ombre dans sa guérite, un factionnaire. En face, un immense jardin où travaillent les condamnés dociles.

Ils n'ont pas l'air bien malheureux. Eût-on pu en dire autant des martyrs qui jadis y périssaient de consomption et de fièvre, alors que leur seul crime avait été de résister à l'homme de Décembre? Combien, parmi eux-mêmes, n'étaient que les victimes de haines et de rancunes particulières, qu'une dénonciation souvent anonyme avait transformées en crimes d'État?

Combien peu sont revenus, la rage au cœur, maudissant un régime d'oppression et de terreur! Les autres reposent là-bas, dans un misérable cimetière, loin des leurs, loin du pays dont ils ont été arrachés, et que jamais ils n'ont revu.

Près du pénitencier, un ancien monument romain, le Prætorium, dont la masse imposante se profile sur le ciel bleu, et que depuis longtemps nous apercevions de la route.

C'était le centre d'un camp romain qui couvrait plusieurs hectares. Des légions avaient séjourné là. Ces dalles, que nous foulions aux pieds, avaient résonné, il y a dix-huit siècles, sous les pas des Romains, maîtres du monde. Ces salles, dont on

Cliché A. Leroy.

Timgad. — Vue générale.

devine l'usage, soit à leur emplacement, soit à leur forme, devaient être alors des magasins, des salles de réunion, des prisons même.

A Timgad, nous allions retrouver les mêmes vestiges de la puissance romaine.

Sous la conduite de M. Rothier, conservateur du musée, qui lui-même surveille les fouilles sous la direction de M. Ballu, inspecteur des Beaux-Arts, nous devions, deux heures durant, revivre la vie des anciens Romains, marchant de merveille en merveille, stupéfiés de l'importance qu'avait Timgad, et aussi de l'énorme labeur que nos compatriotes avaient dû fournir pour mettre à jour les ruines de cette grande cité.

Il y a trois ou quatre ans, on parlait à peine de Timgad. Les savants étaient seuls à en connaître l'existence. Aujourd'hui, tous les touristes s'imposent la rude fatigue des 78 kilomètres de voiture pour l'aller et le retour, de Batna à Timgad, afin de visiter cette merveille que l'on appelle déjà la *Pompéi africaine*.

Et ils ne regrettent pas leur peine! Pour peu qu'ils soient attentifs aux savantes quoique simples explications de M. Rothier, ils emportent de leur visite à Timgad une impression très nette de ce qu'étaient et la ville et la région, à l'époque romaine.

« L'Algérie, nous dit-il en substance, au commencement de notre ère, était occupée par les Berbères (Numides et Maures). Les Phéniciens s'étaient bien établis sur la côte; mais il était réservé aux Romains de couvrir tout le pays et de le gagner à la cause d'une civilisation supérieure. Sous leur impulsion on vit naître et grandir des villes telles que

Tébessa, Lambèse, Timgad (alors Thamugadi), destinées surtout à tenir en respect les populations belliqueuses de l'Aurès.

« Ce fut sous Trajan, en l'an 100 de notre ère, que fut fondée Timgad. La troisième légion s'y fixa,

Cliché L. Moebs.

Camp nomade près de Timgad.

et, pendant deux siècles, y maintint une paix prospère, à la faveur de laquelle se multiplièrent les monuments et s'étendit la cité.

« Mais des querelles religieuses l'affaiblissent. Les Berbères en profitent pour la piller plusieurs fois, au cours du quatrième siècle. Puis surviennent les Vandales qui la pillent de nouveau en 429, d'abord, puis en 535. Un neveu de Justinien débarrassa la malheureuse Timgad de ses envahisseurs et, pour la défendre désormais, édifia vers l'est le « fort byzantin ».

« Elle ne devait pas toutefois résister à une nouvelle attaque, celle des Arabes. En 698, pour la dernière fois, Timgad fut brûlée et saccagée.

« Et depuis lors, les tremblements de terre, les sables poussés par les vents du sud ont enseveli les restes de l'antique cité, au point que durant des siècles on ne soupçonna pas, sous les monticules recouverts d'une sauvage végétation, l'existence de ruines aussi précieuses.

« C'est en 1892 que les fouilles ont commencé sérieusement. L'administration des Beaux-Arts y consacre annuellement une centaine de mille francs. Ces sont des indigènes, Arabes et Kabyles, qui font le travail matériel. Est-il besoin de dire avec quel soin jaloux M. Rothier les guide et les surveille, avec quelle joie il voit sortir du sol déblayé des choses nouvelles qui viennent ajouter encore à la grandeur et à la beauté de ce qui est en grande partie son œuvre et celle de M. Ballu ?

« Les rues, les places publiques, sont nettement dessinées, les monuments sont restaurés dans leurs grandes lignes, certaines colonnes réédifiées en entier, d'autres à un mètre seulement; les murailles des maisons particulières, des palais, sont pour la

« La voie décumane aboutissait vers l'ouest au bel Arc de Triomphe de Trajan, qui subsiste en entier, avec ses trois portiques, celui du milieu plus grand, pour les chars, ceux de chaque côté pour les piétons.

Cliché Leroy.

Arc de Trajan.

« Enfin, de ci, de là, sur des voies transversales, répartis dans les divers quartiers :

« 1° Le *Temple de Jupiter*, avec ses colonnes de 16 mètres de haut, sans les chapiteaux. Elles ont juste, paraît-il, les dimensions de celles de la

Madeleine, à Paris. Deux sont déjà réédifiées en entier. Ce sont elles dont la blancheur éclatante attire les regards plusieurs kilomètres avant d'arriver à Timgad;

« 2° Le *Marché public* dont on remarque la belle ordonnance. Il semble qu'on va voir réapparaître, derrière leur étal de pierre, le boucher, le marchand de légumes ou de poisson;

« 3° Les *Bains publics,* puis les *Bains payants,* immenses, véritables palais, dont le confort dépasse de mille coudées nos misérables installations : vestiaire, piscine, étuves, salles de massage, gymnase, tout s'y trouve, tout est bien conservé, voire même les drains qui amenaient l'eau, froide ou chaude, à volonté;

« 4° Le *Théâtre,* avec la scène, l'orchestre, le parterre, les galeries.

« Que résonnent les trois coups réglementaires, et, vite, nous nous installerions comme dans nos théâtres modernes, sur la pierre et non sur la planche ou le velours, mais avec plus d'aisance dans les mouvements;

« 5° Les *Latrines publiques,* où il y avait place pour 26 personnes. Le système du *tout-à-l'égout* y était pratiqué déjà;

« 6° Enfin, la *Prison,* le *Temple de la Victoire,* nombre de maisons particulières. »

# CHAPITRE VIII

**Sétif. — Tizi-Ouzou. — Tamazirt. — Fort-National. Sur la route d'Icheriden. — Une école arabe.**

Mardi, 14 avril.

Pan ! pan ! aux portes des chambres. Un coup de sifflet dans les couloirs. C'est M. Meunier qui réveille son monde encore bien endormi, car la journée de la veille a été fatigante, et il n'est pas quatre heures. Mais l'unique train part à quatre heures et demie, et le programme du voyage ne peut supporter aucun retard.

En quelques instants toute la caravane est debout, et bientôt elle retrouve son wagon spécial qui doit la déposer à Tizi-Ouzou à dix heures du soir.

Le trajet est long, mais combien varié !

Jusqu'à El-Guerra, nous revenons sur nos pas; mais nous nous intéressons de nouveau aux choses du désert que déjà nous avons vues au passage. Par les Hauts-Plateaux, nous gagnons Sétif. Près d'une demi-heure d'arrêt. Malgré l'abondance des provisions qui garnissent les couffins, on se précipite vers le buffet, qui pour un café, qui pour un sandwich, un petit four, Mme Galiègue pour les œufs, car elle raffole des petits œufs d'Algérie, et chaque jour elle en achète à la douzaine et en distribue aux gourmands de la caravane.

Après Sétif, la ligne se déroule longtemps encore à travers de vastes plaines où la culture reste aux mains des Arabes. De loin en loin, un douar, quelque gourbi isolé, rarement une ferme de colons. Par des chemins à peine frayés, des indigènes à cheval qui se rendent au marché.

« Il faudrait, dit M. Hanotaux, arriver à l'improviste dans quelqu'une de ces fermes perdues à la limite des terres habitées, pour y surprendre l'entreprise hagarde du colon qui frappe du pied ce sol vierge et lui demande la première moisson.

« Vigneron, il arrache le jujubier et fait, avec la barre de fer, le trou où il mettra le sarment initial; cultivateur, il arrive avec un attirail rudimentaire, attache au pieu son maigre bétail, jette les fondations de sa maison basse aux tuiles rouges, s'enferme derrière le quadrilatère de sa cour, qui devient un fortin, et, après avoir jeté la semence au vent, il regarde au ciel si la pluie vient, attendant, avec quelle angoisse ! la première récolte. »

Peu à peu, nous approchons de la chaîne des Bibans, que nous traversons aux Portes de Fer. La ligne, enfin, s'engage dans les gorges de Palestro. Ces deux passages sont des plus pittoresques et, s'il est possible, plus sauvages encore que les gorges d'El-Kantara. Tantôt sous un tunnel (Pierre en a compté vingt), tantôt sur un viaduc, ici accrochée au flanc de la montagne, là serpentant au fond du ravin, la ligne traverse le massif inextricable.

De chaque côté se dressent des cimes majestueuses qui paraissent vouloir écraser de leur masse l'homme, en apparence si faible, mais entreprenant, qui, par le pic et la pioche, a su néanmoins se rendre maître de cette nature sauvage.

Nous contournons la Grande-Kabylie, et nous avons constamment sous les yeux les pics neigeux du Djurjura.

Si la saison était plus avancée, il serait fort agréable de descendre à Beni-Mançour pour gagner Fort-National à dos de mulet par le col de la Tirourda. Il faut compter sur une longue et pénible journée de marche; mais on est récompensé de ses peines par l'intérêt de l'excursion. On traverse le Djurjura dans sa partie la plus sauvage et la plus pittoresque. Si même on disposait de plusieurs journées, on pourrait se livrer à quelque ascension, pénétrer plus avant dans les gorges, explorer les forêts, et alors voir des singes, de vrais singes, bien sauvages. On pourrait même assister à une chasse à la mode kabyle.

Les Kabyles prennent une grosse calebasse, par un petit trou la creusent complètement à l'intérieur, y mettent quelques friandises, des figues par exemple, et la déposent à un endroit fréquenté par les singes, puis se dissimulent en attendant les événements.

Un singe survient-il? Alléché par l'appât, il passe la main dans la calebasse et s'empare du contenu. Mais le trou est trop petit pour qu'il puisse retirer sa main remplie. Il ne songe pas un instant à laisser là sa proie pour recouvrer sa liberté, et le voilà emmanché de cette calebasse qui l'embarrasse dans sa course, après laquelle il crie, il tempête. Ses piaillements, ses gestes désordonnés, ses contorsions redoublent quand le chasseur se montre et s'apprête à se saisir de lui. Mais, toujours, la calebasse saute d'une façon grotesque avec son prisonnier dont on s'empare très facilement, non sans avoir pris grand plaisir à sa déconvenue.

Ce divertissement nous est interdit. La neige persistante rend impraticable le col de la Tirourda.

Aussi, aucun arrêt n'a été prévu à Beni-Mançour,

et nous continuons, par Ménerville, jusqu'à Tizi-Ouzou. A onze heures du soir, chacun commence à prendre un repos bien gagné.

Mercredi, 15 avril.

De bonne heure nous partons en voiture pour Fort-National. Tizi-Ouzou se trouve sur un col, ainsi que l'indique son nom. Son altitude est de 257 mètres; celle de Fort-National, 961. Il va donc falloir grimper durant les 28 kilomètres qui nous en séparent. Mais la route est belle. C'est celle-là même que nos soldats construisirent en vingt-huit jours, au moment de la conquête.

Elle descend d'abord pour gagner la vallée du Sébaou, laissant à gauche l'oued qui s'engage dans une gorge, et traversant deux de ses affluents sur des passerelles métalliques. La plaine du Sébaou est assez fertile; elle produit du blé, de l'orge, du béchena (sorgho blanc), du tabac, des figues et autres fruits, des légumes.

Quand la route atteint le massif montagneux, elle le gravit en lacets. Dès lors, sans qu'un talus vous protège, même en des coudes à angle très aigu, parfois elle domine à pic le ravin de plus de 100 mètres. Et, à la montée comme à la descente, dans les tournants aussi bien qu'en droite ligne, les voitures filent sans que le cocher se soucie du danger. « Les accidents sont rares, » dit-il. Ce *rare* nous a une légère saveur locale, qui n'a pas le don de plaire à tous cependant.

A mi-chemin de Fort-National on fait un arrêt au café maure d'Adeni. Tandis que dans une maison d'apparence misérable, d'une propreté douteuse, les camarades se font servir la tasse de *kaoua* (café), cu le verre de limonade, mon père nous emmène à quelques-uns vers une sorte de hutte en bambous et roseaux, qu'il a découverte dans le talus en face, comme enfouie sous quelques arbres, le toit arrivant au niveau du chemin.

Nous descendons et trouvons un vieux Kabyle accroupi au milieu de sa baraque. C'est un autre café maure. En effet, près de lui, dans le sol, un trou de 15 à 20 centimètres de diamètre est rempli de charbons incandescents. La fumée s'échappe comme elle peut entre les branchages de la toiture. Sur un autre foyer, un vase rempli d'eau chaude. Pour deux sous, nous allons déguster une tasse de ce café, après l'avoir vu fabriquer devant nous. Dans un récipient de fer-blanc qu'il emmanche au bout d'une baguette, l'indigène met la dose de café, y ajoute de l'eau chaude, et présente le vase au feu ardent qui, en une seconde, produit l'ébullition. Cette mixture nous est servie brûlante. Elle est délicieuse; mais il y aurait autant à manger qu'à boire si l'on ne prenait la sage précaution d'en laisser la moitié au fond de la tasse.

Tandis que notre homme rince ses ustensiles, nous le faisons causer, nous visitons son taudis. En un pêle-mêle où certes un beau désordre n'est pas l'effet de l'art, se heurtent les objets les plus disparates, instruments de labour ou de jardinage, loques malpropres, batterie de cuisine, etc.; en un coin, une natte étendue sur le sol. C'est la couche du maître de céans. Un coffre sculpté recouvert de maroquineries complète l'ameublement. Une pièce d'argent paye notre écot. Afin de rendre la monnaie, le Kabyle ouvre le coffre et en tire une bourse bien garnie de pièces de billon, d'argent et d'or, ce qui nous confirme l'opinion déjà émise devant nous, que le Kabyle est thésauriseur.

A la sortie, un grand diable accroupi joue avec des dominos. Pierre lui demande à faire une partie. Il accepte avec empressement, et en un rien de temps sort vainqueur du tournoi. Cependant un attroupement s'est formé sur la route, autour d'un indigène d'une vingtaine d'années, qui parle français et anglais à merveille, raconte ses voyages à l'Exposition, en Angleterre, en Écosse. Il en a rapporté beaucoup d'idées, une grande admiration des pays d'Europe, mais il a omis d'y laisser ses habitudes de malpropreté. Il s'est frotté à notre civilisation, mais il n'en a rien gardé.

Nous sommes sur le territoire d'Adeni, groupe de cinq villages. Le plus près de la route est Djemâa (lieu de réunion) ; les autres, Agadir, Bèchâacha, Mestiga et Tar'animth, sont étagés sur le versant. A Mestiga se trouve la tombe du marabout Sidi Ahmed, très vénéré des habitants.

Laissant les voitures faire à vide un assez grand circuit, nous prenons un chemin de traverse beaucoup plus court, mais abrupt, qui passe à Djemâa. Ce village, comme les autres du groupe d'Adeni, est parmi les plus riches de la Kabylie. Il est entouré d'olivettes et de champs de figuiers. Par exemple, il est malsain, car les miasmes de la rivière remontent le coteau..

Nombre de femmes et d'enfants sont sur les portes des maisons et nous regardent curieusement. Nous demandons à visiter quelqu'une de ces demeures. Elles se ressemblent toutes, du reste, et je ne puis résister au désir de noter ici la très exacte et belle description qu'en fait M. Hanotaux :

« L'intérieur de la maison est invariablement distribué de la manière suivante. La porte, seule ouverture capable de donner au réduit de l'air et de la lumière, est assez basse pour qu'un homme de moyenne taille soit obligé de se baisser pour y passer; elle se trouve à peu près au milieu d'une des longues faces du corps de logis.

« L'unique pièce d'habitation est divisée en deux parties inégales, par un petit mur qui s'élève à un

Kabyle.

demi-mètre au-dessus du sol. La portion la plus vaste est habitée par la famille; son étendue est à peu près égale aux deux tiers de la capacité de la chambre; elle est un peu élevée au-dessus du sol extérieur par un pavé de maçonnerie. La portion la plus étroite est réservée aux bestiaux; c'est une écurie assez mal tenue, dans laquelle s'entasse une litière malpropre et où séjournent les déjections animales. Sur le mur qui sépare ces deux compartiments sont rangées de grandes jarres de terre, où l'on conserve les provisions de fruits secs, de grains et de farine. Au-dessus de l'écurie se trouve une sorte de soupente dans laquelle sont emmagasinés la provende des bêtes et les ustensiles de toute espèce. Dans l'espace réservé à la famille se rangent des nattes et des tapis, que l'on transforme en lits en les étendant le soir sur le sol, des coffres et des vases culinaires. A une distance de 30 ou 40 centimètres de la muraille et au fond de la chambre, une cavité circulaire de quelques centimètres de profondeur à son centre est creusée dans le sol : c'est le foyer domestique. »

Les personnes et les animaux vivent donc dans une promiscuité continue. Les vapeurs ammoniacales qui se dégagent de l'écurie, la fumée qui ne s'échappe que difficilement, l'insuffisance du renouvellement de l'air, le manque de lumière, l'humidité, l'encombrement, sont la cause de beaucoup de maladies, telles que l'anémie, les scrofules, les ophtalmies, le typhus et la fièvre typhoïde.

Et c'est grand dommage, car cette race paraît étonnamment belle et vigoureuse. Les enfants de mon âge qui grouillent autour de nous ont les yeux vifs et intelligents, animant un visage bien régulier, d'un bronzé qui plaît. Plus âgés, ils sont émaciés, portent de nombreuses cicatrices, sont marqués de la petite vérole; beaucoup sont borgnes, quelques-uns aveugles : résultats funestes d'une mauvaise hygiène.

Après Adeni, le pittoresque de la région s'accentue, les sites les plus divers se succèdent, tantôt gracieux, tantôt sauvages. Tout à coup, à un tournant de la route, par une échancrure des hauteurs du premier plan, apparaissent dans le lointain les massifs les plus élevés du Djurjura; ils atteignent 2.300 mètres, et, comme nous l'avions déjà remarqué la veille, leurs sommets portent encore de la neige. Ce sont les mêmes montagnes dont nous admirions le versant opposé à notre passage à Beni-Mançour : nous avons fait un demi-cercle, par Ménerville, autour du massif. Le spectacle est grandiose; toutes les têtes sont tournées de ce côté. On bat des mains; l'enthousiasme est indescriptible, car indescriptible aussi est le paysage.

A Tamazirt (champ planté de figuiers) nous faisons un arrêt. Sur le bord de la route, l'école, vide de ses élèves, car c'est aussi vacances pour les Kabyles. Il est vrai que nous en avons vu sur tout le trajet, escortant les voitures, trottant pieds nus, la gandoura flottant au vent, et demandant un sou. Pour un sou, on les fait courir durant plusieurs kilomètres.

Ils s'évertuent à chanter *le Drapeau de la France, la Marseillaise;* ils récitent des fables et savent y mettre l'accent, le ton, mieux que je ne le ferais moi-même, écolier de la vraie terre de France. J'achète à l'un de petits travaux en jonc tressé; ma sœur et Georgette marchandent des colliers, des épingles, ornements habituels des femmes kabyles, et que les enfants offrent à des prix surpassant de quatre à cinq fois leur valeur réelle. Bref, tous s'ingénient à attirer les regards, rivalisent d'attentions et de singeries pour gagner quelque menue monnaie qui disparaît prestement dans la pochette de la gandoura.

M. Meunier regrette l'absence du Directeur de l'école, son ami Carrière, qui, officier de réserve, accomplit en ce moment une période de treize jours. « Il nous eût, dit-il, donné de vive voix de fort intéressants détails sur l'organisation de l'enseignement en Kabylie. Les notes qu'il a bien voulu m'envoyer à ce sujet pourront néanmoins vous édifier. »

Ce sont ces notes de M. Carrière que je reproduis ici.

« La France accomplit en Algérie une œuvre de civilisation qui l'honore : elle a semé des écoles au milieu de ces populations avides d'instruction.

« Les écoles indigènes d'Algérie se divisent en trois catégories :

« 1° Les *écoles préparatoires* dont la direction est confiée à un maître indigène, que surveille un directeur français attaché à une école élémentaire ou principale;

« 2° Les *écoles élémentaires* dirigées par un Français que seconde un Français, ou un indigène;

« 3° Les *écoles principales* ayant trois classes au moins, avec un directeur français et des adjoints français et indigènes.

« Ces écoles ont des programmes spéciaux; les maîtres eux-mêmes sont initiés à cet enseignement tout particulier par une année d'études qu'ils accomplissent à Alger, à la section spéciale annexée à l'École normale d'instituteurs.

« L'instituteur indigène doit être universel; il fait tout, il est tout : médecin, agriculteur, jardinier, vigneron, maçon, charpentier, menuisier, boulanger, tailleur. Sa pharmacie renferme les produits usuels. Aux parois de son atelier sont accrochés tous les outils nécessaires au travail du bois et du fer. Visitez son jardin ou mieux son champ d'expériences, c'est une exposition de végétaux qui s'offre à vos yeux; on y cultive tous les légumes et tous les arbres fruitiers qui peuvent pousser dans la région. C'est en voyant les résultats obtenus dans le jardin de l'école, que les habitants se décident à essayer de nouvelles cultures et à transformer leurs sauvageons par la greffe.

« C'est par là aussi que l'instituteur inspire confiance à l'indigène, et qu'il l'amène à s'incliner si volontiers devant la loi qui lui fait une obligation d'envoyer son fils à l'école.

« La fondation de l'École principale de Tamazirt remonte à 1873. Elle fut ouverte d'abord dans une annexe de la mosquée. Quelques mois après, à la suite d'un tremblement de terre, la mosquée s'effondra. L'école fut provisoirement transférée dans un local prêté par le président du douar. L'administrateur fit alors construire l'école actuelle par le génie militaire; mais sa prospérité la rendit bientôt insuffisante, et il fallut l'agrandir. Six villages kabyles lui envoient des élèves. Ils sont aujourd'hui 202, répartis en quatre classes.

« L'obligation scolaire est imposée, mais pour les garçons seulement.

« Le nombre des écoles est encore insuffisant pour y admettre les filles. En certains villages, il est même impossible de recevoir tous les garçons. L'administrateur alors désigne par famille le nombre de ceux qui fréquenteront l'école. Les Kabyles se soumettent assez docilement. Ils comprennent que leur intérêt est en jeu; aussi les cas de répression sont rares.

« Les enfants kabyles sont d'un naturel curieux : ils veulent tout connaître et se livrent de grand cœur à l'étude. Ils sont en général intelligents et doués d'une bonne mémoire.

« A leur sortie de l'école, quelques-uns entrent au Cours normal d'Alger ou à la Medersa (École secondaire musulmane). La plupart aident leurs parents dans les travaux agricoles; d'autres émigrent, se font colporteurs, afin de gagner quelque argent qu'ils

Une école en Kabylie.

rapportent à la famille. Enfin, tous les ans, deux ou trois élèves entrent à l'École d'apprentissage de Tamazirt.

« Cet établissement, dirigé par un Français, se trouve à 40 mètres de l'école principale, un peu en contre-bas, et à 200 mètres de la route. Il peut avoir une dizaine d'apprentis qui sont initiés au travail du bois. L'apprentissage dure de quatre à six ans; l'apprenti touche une légère rétribution. L'école a produit quelques bons ouvriers qui gagnent de trois à cinq francs par jour dans les ateliers. Quelques-uns se sont établis dans leur village et font des armoires, des malles, des tabourets, des volets, des portes et autres objets en bois, jusqu'ici peu connus, et que les populations commencent à utiliser. Cela ne les empêche pas de cultiver leur champ, et c'est une source de profit de plus pour eux. »

Mais ce que, dans sa trop grande modestie, M. Carrière ne dit pas, c'est la grande influence que l'instituteur français a su prendre sur les populations kabyles, et ce par le dévouement dont il a fait preuve à chaque instant. Un fait entre cent le prouve : si un Kabyle descend vers la plaine pour y travailler à la vendange, s'il va faire à Alger le métier de portefaix pour un temps déterminé, c'est à l'instituteur qu'il confie ses économies et ses objets précieux.

Ce que ne dit pas M. Carrière, c'est l'esprit d'abnégation dont ses collègues et lui doivent être animés. Partis de France, beaucoup ayant fait leurs études en France, ils sont perdus dans ces montagnes, seuls Européens au milieu des Kabyles, n'ayant pour distraction que la chasse, pour relations que les collègues, éloignés souvent de plus de dix kilomètres. Leur grande joie, c'est une course à Alger ou à Constantine quand arrivent les vacances, et un voyage en France tous les deux ans. Ce sont de vrais missionnaires laïques, en qui les pouvoirs publics ont grande confiance.

Je n'en veux pour preuve que ce document recueilli par mon père, depuis notre retour d'Algérie, dans un journal de Nancy.

On devine facilement qu'il est question de M. Carrière lui-même :

« Dans son rapport sur la situation de l'enseignement en Algérie, pendant la dernière année scolaire, le recteur de l'Académie d'Alger a consacré un très intéressant chapitre au rôle de l'instituteur, comme initiateur de progrès pratique et surtout comme éducateur agricole, dans les lointaines oasis. La patience, l'ingéniosité de ces maîtres modestes, qui sont là-bas les pionniers véritables, les seuls efficaces, de la civilisation européenne, sont au-dessus de tout éloge, d'autant plus que, fort souvent, les choses ne vont pas toutes seules. Ainsi, à Timengache, les indigènes, qui sont un peu paresseux, se moquaient de l'instituteur parce qu'il travaillait la terre. Ce n'était pas un instituteur, disaient-ils, mais un ouvrier. Ce fut bien autre chose lorsqu'il voulut faire travailler leurs enfants. On le menaça de plaintes à l'administrateur, même au gouverneur général. Cependant l'instituteur tint bon. Les élèves, aujourd'hui, ont pris goût au travail de la terre et les parents ne réclament plus.

« C'est ainsi qu'au fond des oasis, où la nourriture est si peu variée, les instituteurs français ont fait œuvre bienfaisante en introduisant la culture de nouveaux légumes. Ici, on cultive maintenant des salades. Là, non seulement on cultive des salades, mais des artichauts, des fèves et même des betteraves. Ailleurs, il y avait de l'eau et pas de canards; la femme de l'instituteur y a apporté une paire de volatiles, qui promettent de nombreux descendants : tous les œufs sont retenus à l'avance par les ménagères indigènes du village.

« Dans l'oasis de Tolga, les moulins à farine faisaient défaut. L'instituteur pensa qu'un moulin actionné par un moteur à pétrole rendrait de grands services. Mais comment le faire comprendre? Il n'hésita pas : il en commanda un et l'installa, près de l'école. Ce fut un ébahissement général : le moulin ne désemplissait ni de curieux, ni de grain. Au bout de quelque temps, des Arabes se dirent : « Nous « aussi, nous allons faire venir un moulin semblable, « avec une machine plus forte. » Et bientôt, un second moulin français fut installé à Tolga.

« A Tizi-Hibel (Fort-National), les deux frères C...,

dont l'aîné dirige aujourd'hui l'école de Tamazirt, avaient su donner à leurs élèves la passion de l'horticulture. Les plus grands avaient créé de petits jardinets, qui étaient leur propriété pendant leur séjour à l'école. Ils visitaient leurs salades à toute heure du jour, allongeaient les feuilles pour les faire pousser plus vite, comme l'adolescent tire sa moustache naissante, puis les effeuillaient pour les manger sur place. Des choux furent repiqués, arrachés, replantés, volés et repris avec cette adresse kabyle que les professionnels appellent de l'art. Par de beaux clairs de lune, combien ont fait le guet derrière la haie pour surveiller leur récolte future et la défendre, au besoin, contre un maraudeur trop audacieux !

« Le plus terrible châtiment était l'interdiction des visites au jardin. Ne pas voir ses oignons ou ses fèves durant huit jours, les supposer, pendant ce temps, sans défense contre des doigts crochus, c'est la plus dure punition pour un élève propriétaire.

« Il y a une demi-heure par jour de travail réglementaire au jardin ; mais les élèves y travaillent en outre pendant les récréations et les jours de congé. La grosse difficulté a été d'obtenir qu'ils portent du fumier. C'est un travail laissé aux femmes : ce sont elles qui, tous les jours, nettoient l'étable et portent le fumier aux champs. Il paraît que l'homme serait déshonoré s'il touchait au fumier. Aussi ce fut une véritable insurrection les premiers jours. Enfin, mis en demeure d'opter pour la suppression du jardin ou le transport du fumier, les gamins préférèrent garder le jardin. Ils y tiennent, et ils y plantent ce qu'ils veulent : du persil et du basilic pour leur mère, des salades, des choux, des artichauts, de l'ail, des oignons, et surtout des pommes de terre. Ils ne dédaignent pas non plus les fleurs, et ils ne les cueillent pas, pour en jouir plus longtemps.

« Si l'on ajoute que la plupart des instituteurs ont réuni à leur classe primaire des cours d'adultes où les indigènes sont initiés à un grand nombre de connaissances générales, indispensables à leur progrès intellectuel, on ne mesurera pas encore leur action bienfaisante dans toute sa portée. »

A 4 kilomètres de Tamazirt se trouvent le village d'Azouza et l'école principale qui porte le même nom. Ce village est bâti sur la crête d'un rocher; les maisons sont assez bien construites, et, fait rare, quelques-unes sont pourvues de cheminées et de fenêtres.

Sur les onze heures, nous franchissons la porte qui donne accès à Fort-National. M. Casanova, instituteur à Icheriden, en fait ainsi la description :

« A 130 kilomètres d'Alger, se trouve Fort-

National. Cette ville est la plus importante, comme établissement militaire, de toute la Grande-Kabylie.

« Le maréchal Randon disait : « C'est l'épine « plantée dans l'œil de la Kabylie. »

« Il fit poser la première pierre de la forteresse le 14 juin 1857. Cinq mois après, elle était terminée.

« Cette position domine presque tous les villages perchés sur les crêtes des montagnes. Au sud, à une distance de cinq à six lieues à vol d'oiseau, se dresse une chaîne énorme qui, pareille à un fer à cheval, enserre la Kabylie : c'est le Djurjura (l'ancien mont Ferratus des Romains) dont le pic culminant, le Lalla-Khedidja, atteint 2.308 mètres. Il porte le nom d'une femme vénérée, dont le tombeau attire pendant la belle saison un grand nombre de pèlerins musulmans.

« L'enceinte de Fort-National comprend dix-sept bastions; elle est percée de deux grandes portes, celle d'Alger et celle du Djurjura. Elle offre un développement de plus de 2.200 mètres, et est occupée par d'importants bâtiments militaires et une centaine de maisons particulières.

« Toutes ses rues sont bordées de platanes, d'acacias, de frênes, d'ormeaux, ce qui en fait un véritable bouquet de verdure au printemps et un agréable séjour en été.

« De la caserne des zouaves on jouit d'un panorama merveilleux formé par les ondulations de toutes les montagnes de la Grande-Kabylie.

« On voit également le chemin de grande communication de Tizi-Ouzou à Fort-National, Michelet et Beni-Mançour, par le col de la Tirourda (1.957 m.).

« Cette route est une véritable curiosité pour les touristes. Elle gravit en lacets les montagnes au sommet desquelles est Fort-National, et cela par des sites gracieux et effrayants. D'un côté, une vallée profonde à pic; de l'autre, la montagne couverte d'oliviers, de figuiers et de chênes couronnés de pampres.

« Des frênes, vieux comme le monde, tordent leurs bras noueux soigneusement dépouillés de leurs feuilles en automne. Les Kabyles en nourrissent leur bétail pendant la longue et rigoureuse saison d'hiver. Ce sont les *prairies aériennes* de cette Auvergne de l'Afrique du Nord.

« Fort-National est la résidence d'un commandant d'armes, sous les ordres duquel est placé un bataillon de zouaves. Il est le siège de la commune mixte du même nom, comptant 55.668 Kabyles, sous l'autorité d'un administrateur, et d'une commune de plein exercice de 500 Européens.

« Près de la porte du Djurjura, se tient tous les mercredis un marché important que les Kabyles nomment Souk-el-Arba (le marché du quatrième jour). On y trouve des bestiaux, de la viande, des céréales, des figues, des oranges, de l'huile, des glands ; des objets de poterie, de vannerie, de mercerie; des étoffes, de la laine et des articles indigènes. »

En attendant le déjeuner, quelques touristes gagnent le terre-plein de la caserne des zouaves, pour jouir de l'admirable coup d'œil sur l'ensemble du pays dont nous parlions tout à l'heure. Tous ces sommets arrondis rappellent les Vosges; mais ils sont plus variés, et chacun supporte un village dont les maisons grisâtres, aux tuiles rouges, se pressent les unes contre les autres, donnant asile, sur un faible espace, à une population très dense. Et nous en comptons ainsi plus de cinquante, que d'un seul coup on embrasse, devant soi, et les lunettes qui fouillent l'horizon en découvrent de nouveaux. La vue s'étend à 10 ou 12 kilomètres, pensent certains touristes peu habitués aux montagnes. « Les sommets sont à 30 kilomètres, » rectifient nos guides. C'est là une surprise pour tous. L'air est si pur, en effet, la transparence en est telle, que les choses les plus éloignées paraissent rapprochées : ainsi s'explique l'illusion sur les distances.

Mais l'heure du déjeuner a sonné, et bientôt nous avons le plaisir de voir prendre place, au milieu de nous, M. l'administrateur Murat, que M. Meunier nous présente comme ayant préparé notre réception en Kabylie. Nous lui faisons une ovation, quand il nous annonce que le plat de résistance sera le mets national, le *metchoui*. C'est un mouton rôti à la broche, servi entier, tout enrubanné aux couleurs françaises. On lui fait grand honneur, à ce pauvre mouton.

Mais, ô surprise nouvelle ! le champagne est apporté, les bouchons sautent, la mousse pétille, et, le verre en main, M. Meunier, debout, salue, au nom des Français qui l'ont suivi dans ce beau pays d'Algérie, le gouvernement en la personne de son représentant à Fort-National, M. l'administrateur Murat. Des bravos enthousiastes soulignent ce toast, et M. Murat répond en disant combien il est heureux de recevoir des compatriotes et de les guider parmi les étranges populations du pays dont il a l'administration, et sur lesquelles il nous donne d'intéressants détails.

Mais l'heure s'écoule, et sur la place, depuis longtemps, se rassemble une cavalerie bizarre. Une quarantaine de mulets, autant de Kabyles, nous attendent pour une excursion à Icheriden. Hommes et femmes, chacun choisit sa monture. Il est vrai que les plus fins connaisseurs arriveront difficilement à trouver un animal de choix, encore moins un harnachement commode et gracieux. Je ne sais de quoi est faite la selle : c'est tout un ensemble de cordes, de toile, de bois, dont l'état de malpropreté paraît devoir les faire remonter au déluge. En tout cas, le

Cliché A. Leroy.

Caravane à Ichireden.

dessus n'a pas la forme excavée d'une selle ordinaire; c'est un plateau rectangulaire sur lequel il faut se jucher à califourchon, les jambes fortement écartées; aussi, quand on descendra de là-dessus, il faudra cinq minutes au moins pour reprendre son équilibre et se mettre à marcher sans douleur. Et cependant nous sommes tous munis d'une corde avec laquelle notre écuyer nous a fabriqué des étriers.

Par exemple, autant sont rudimentaires les harnais des mulets recrutés pour la circonstance dans les villages d'alentour, autant est riche la sellerie de M. Murat et des spahis qui l'accompagnent. Quels jolis petits chevaux nerveux, aussi ! Quelle prestance est celle de ces spahis ! Comme ils sont bien dans leur cadre au milieu de ces montagnes ! Il me semble voir encore celui que détacha M. Murat pour expédier un ordre, et qui partit comme un trait, faisant corps avec sa monture, emportés tous deux dans une course folle, furibonde, le grand manteau rouge flottant au vent. Que c'était donc beau !

C'est dans cet apparat que, sur les deux heures, nous sortions de Fort-National par la porte du Djurjura, nous dirigeant vers Icheriden. Le trajet se fit, à l'aller, par des chemins raboteux que jamais n'effleura la pioche du cantonnier. Aussi ne voudrais-je pas affirmer que, parmi les dames et même leurs compagnons, il n'y eut pas quelque appréhension de chute. S'ils l'eussent osé, plusieurs seraient volontiers descendus pour regagner pédestrement Fort-National. Et c'eût été grand dommage, car cette demi-journée fut la plus amusante du voyage.

Bientôt, en effet, la solidité du pied de nos mulets nous rassure, et nous pouvons à notre aise jouir de la beauté originale des sites que nous parcourons. Et puis, les mille petits incidents de la route viennent jeter leur note gaie au milieu de tout ce monde. C'est le mulet de Mayot qui, excité par celui-ci, un excellent cavalier, prétend-il, s'emporte et traverse les rangs en bousculant tout le monde, au point que certaine dame, perdant l'équilibre, aurait vidé l'étrier sans le secours de quatre Kabyles qui se trouvaient à portée fort à propos. C'est M. Leroy qui contrefait à nouveau l'Anglais, et déride les Kabyles eux-mêmes. Ce sont enfin les cris multiples « Arrah ! Arrah ! » que nous avons bientôt retenus des indigènes, qui excitent ainsi nos montures. Que c'est amusant !

Presque tous ces Kabyles savent parler français ; plusieurs sont assez instruits. Celui qui me guide a dix-huit ans. C'est un beau gars, bien découplé, aux yeux vifs qui dénotent l'intelligence. Il voulait aller à Alger, suivre les cours normaux et devenir moniteur dans une école de Kabylie. Il aurait ainsi gagné 1.000 francs par an, une fortune pour lui. Hélas ! ses parents sont morts à quinze jours d'intervalle. Il dut quitter l'école afin de gagner sa vie. Il déplore d'avoir été ainsi forcé de renoncer à ses vastes espoirs.

Mais bientôt, dédaignant un « môme » de mon âge, il s'adresse à M. Cornuel et l'accable de questions. « Combien gagnes-tu ? — Une femme, en France, coûte cher à habiller ? — Un Français dépense bien 80 francs par an pour habiller sa femme, je suis sûr ? — Est-elle aussi grande que la Kabylie, la France ? — Veux-tu m'emmener avec toi ? » Et ainsi jusqu'au bout. Et il débattait déjà le prix de son salaire en France, quand, ayant appris qu'il y aurait froid, il rompit tout pourparler à ce sujet.

Notre premier arrêt fut à l'école de M. Casanova. D'après ce qu'il nous en a dit lui-même, son école fut construite en 1894, sur ce plateau isolé de tout village, à 1.010 mètres d'altitude.

Sur son emplacement existait jadis la zaouia de Timmamert-el-Haâd (École du dimanche). La zaouia est à la fois un lieu de prière, une maison d'hospitalité et une école pour les jeunes musulmans. Celle-ci avait été construite au dix-huitième siècle par un marabout vénéré, Sidi-Ahmed. Elle devait servir à instruire 400 tolbas (élèves destinés à devenir marabouts, prêtres musulmans).

Les élèves payaient individuellement 30 francs pour tout le temps de leur scolarité qui pouvait durer dix ans. Ils étaient nourris par les habitants des Beni-Raten, à raison de deux mesures d'orge par paire de bœufs.

Aux aumônes qu'ils recevaient des tribus voisines, ils ajoutaient le droit de péage qu'ils percevaient sur chaque étranger passant devant la zaouia.

Tout homme marié payait 0 fr. 50 ; tout cavalier donnait 1 franc ; à défaut, il devait laisser en gage la bride de sa monture. Par respect pour la zaouia, on ne devait pas rester à cheval devant cette école religieuse.

Toutes les provisions ramassées étaient renfermées dans plus de quarante maisonnettes qui entouraient l'école, et dans des greniers pratiqués au-dessus de leur fontaine.

On raconte que les tolbas de Timmamert-el-Haâd allèrent en corps à Alger, et, une nuit, coupèrent les arbres du jardin du bey, afin de se venger de ce qu'il voulait leur faire payer les impôts. Après avoir accompli leur acte de vandalisme, ils lui écrivirent pour avouer leur méfait, ou plutôt s'en vanter, donnant une preuve d'audace et de franchise.

Les élèves qui se distinguaient par leur travail et leur intelligence étaient envoyés à la Médersa d'Alger. A la fin de leurs études, ils allaient à Constantine, à Tunis, au Maroc ou en Égypte, et devenaient généralement des marabouts influents.

Au cours d'un siècle, cette zaouia a fourni plusieurs milliers de marabouts. Elle fut démolie vers 1830.

L'école actuelle comprend trois classes, tenues par M. et Mme Casanova et un adjoint indigène. L'enseignement, simple et pratique, a pour but de propager les connaissances utiles aux indigènes : français, écriture, calcul, agriculture, hygiène et travail manuel. Il répand aussi, avec l'usage de la langue, le respect et l'amour de la France.

Nous avons pu le constater, car, malgré les vacances, prévenu de notre visite par M. Murat, M. Casanova avait réuni ses élèves.

Le coup d'œil d'ensemble était assez pittoresque. Tous ces petits singes à la mine fûtée, vêtus, croirait-on, d'une simple chemise jadis blanche, paraissaient très attentifs. Ils nous donnèrent un spécimen de leur savoir en lecture, calcul et récitation; ils chantèrent en chœur, et fort bien, *les Montagnards;* puis écrivirent, au tableau noir, quelques phrases que l'un de nous dicta.

S'enhardissant, les jeunes Kabyles nous font signe de regarder leurs cahiers, qui sont très bien tenus.

Papa les photographie dans leur classe, et quelque menue monnaie est remise à l'instituteur pour leur acheter quelques friandises en souvenir de notre passage. Ils paraissent tout réjouis de cette bonne aubaine et, au départ, nous saluent militairement.

Le temps nous manque pour grimper jusqu'au village d'Icheriden, de même que pour aller jusqu'au monument que nous distinguons très nettement, et dont M. Casanova nous fait complaisamment l'historique.

« A 7 kilomètres de Fort-National, près de la route de Michelet, sur une large plate-forme d'où la vue s'étend au loin, se dresse une énorme pyramide quadrangulaire, de 7 mètres de hauteur. Elle est en granit blanc, et repose sur une large base en grès rose du Djurjura. Cette pyramide abrite les ossements des soldats tués pendant les expéditions de la Grande Kabylie, en 1857 et 1871. Icheriden, lors de la première conquête, et à l'époque de la grande révolte de 1871, a toujours été le centre de la résistance des Kabyles, et sa situation l'explique tout naturellement. Le maréchal Randon, le 24 juin 1857, et le général Lallemand, par une coïncidence assez curieuse, le 24 juin 1871, y livrèrent bataille, et n'emportèrent le village qu'après une lutte acharnée. Bien que protégés par l'artillerie, nos soldats succombèrent en grand nombre, dans l'assaut que chaque fois ils durent donner, par des pentes escarpées, aux habiles tireurs indigènes bien abrités derrière leurs murailles et farouchement décidés à la résistance.

« Sur chaque face du monument, des inscriptions rappellent ces événements et mentionnent les corps de troupe qui y ont pris part. »

De loin, nous saluons la dépouille des braves qui reposent sous cette pierre, et, en écoutant les explications qui nous sont données sur les opérations de ces deux journées, il nous semble entendre le crépitement de la fusillade semant la mort dans les rangs de nos pioupious qui grimpent à l'assaut, et s'abattent pour ne plus se relever, les pauvres, loin de cette terre de France où une famille les attendra vainement, n'ayant pas même la consolation de pouvoir déposer sur leurs restes la couronne du souvenir.

Nous serrons la main à cet excellent M. Casanova, et, en selle ! Nous suivons, cette fois, la grande route pour rentrer à Fort-National. Et puis, nous sommes maintenant des cavaliers accomplis. Aussi, Arrah ! Arrah ! Et nos mulets de filer ! Mayol, Pierre et moi, nous prenons la tête et voulons rivaliser. Mais le grand mulet galeux de Pierre regimbe sous les coups de trique et recule, en jetant l'effroi dans la bande qui le suit. Arrah ! Arrah ! il repart enfin, et, plus lentement, nous dévalons une pente, car M. Leroy nous a devancés et prend un cliché.

Qu'il me soit permis maintenant de placer ici les notes que j'ai réunies depuis notre retour, grâce à celles que MM. Murat, Carrière et Casanova ont bien voulu donner au directeur de la caravane pour ses touristes.

---

## CHAPITRE IX

### Notes sur la Kabylie.

Le peuple kabyle ou berbère est un peuple autochtone. C'est la race des habitants primitifs, des premiers possesseurs du sol. Pour garder ses lois, ses mœurs, son indépendance, elle se réfugia dans les massifs montagneux et sa domination fut réelle jusqu'à l'occupation française.

Le Kabyle est fort, tenace, précis, fier, calculateur, âpre au gain. Ces qualités lui viennent du sol ingrat qu'il travaille, des luttes journalières qu'il livre pour l'existence. Mais s'il travaille, c'est par nécessité. Il est modelé sur son sol; il s'accroche au roc, il se suspend au-dessus des précipices pour semer une poignée d'orge dans la vieille terre en jachère. Si la plaine du Sébaou était plus grande, il cultiverait davantage de *béchena* et ne s'exposerait pas ainsi à rouler dans les abîmes.

D'ailleurs, l'idéal d'un Kabyle se réduit à ceci : du pain d'abord, une femme ensuite, et, pour comble de félicité, un fusil.

Il est, comme tous les habitants de la montagne, très attaché à son sol, ce sol tourmenté où l'horizon se perd dans un entassement de monts dénudés et ravagés par les torrents. Ces pentes abruptes que recouvre une légère couche de terre végétale, ces vallons étroits où serpentent de rocailleux sentiers, nourrissent une population sédentaire dont la densité est plus grande que celle de la Hollande et de la Belgique, et qui utilise jusqu'à la plus petite parcelle de terre cultivable, et, pour ses bestiaux, la dernière feuille de frêne.

L'ensemble du pays a l'aspect boisé. Et cependant il n'y a pas de forêts, mais des broussailles, et surtout des plants d'oliviers, de figuiers, de chênes-verts ou de chênes-lièges, qui s'étendent jusqu'au sommet de la montagne. Et celle-ci est presque toujours couronnée par un village. Ainsi perchés, les villages pouvaient se défendre plus facilement, car, avant l'occupation française, ils étaient constamment en guerre les uns contre les autres. Ils sont généralement longs et étroits ; ils ont une rue principale où

souvent deux ou trois de ces moulins par village.

La pulpe obtenue est traitée de deux façons différentes :

1° Par la presse indigène. La pulpe est mise dans des *escourtins* soumis à la presse. L'huile qui s'écoule en premier lieu est la meilleure. La pulpe qui reste est lavée à l'eau chaude dans des couffins. L'huile ainsi obtenue par le lavage est de qualité inférieure.

2° Par les trous à huile. C'est le procédé employé généralement par les petits propriétaires, parce qu'il est moins coûteux. Ce sont des cavités cylindriques de 80 centimètres de profondeur, dont les parois sont enduites de terre glaise. Ils sont installés près des fontaines. On met la pâte dans ces trous remplis d'eau ; la femme chargée de ce travail agite la masse avec un bâton ; l'huile, plus légère que l'eau, monte à la surface. On la recueille avec les mains et on la met dans des jarres. Puis on fait chauffer les résidus, on les presse, toujours avec les mains, et on obtient ainsi une seconde huile, nauséabonde, mais d'un prix peu élevé, 0 fr. 30 à 0 fr. 50 le litre.

Les pressoirs français donnent une huile supérieure et un rendement plus élevé. Ces pressoirs appartiennent à des riches qui les louent moyennant un droit du dixième de l'huile traitée. Les femmes kabyles n'aiment pas cette innovation qui leur enlève leur gagne-pain.

La moitié de l'huile récoltée dans la région est consommée sur place. Le reste est vendu au prix moyen de 0 fr. 65 le litre. L'huile traitée par les procédés français acquiert un tiers en plus comme valeur; aussi l'indigène, qui n'est pas du tout réfractaire au progrès, commence-t-il à porter ses olives à la presse.

Les nombreux champs de figuiers au ton vert clair contrastent avec la teinte foncée, la tache noirâtre qui marque la présence d'un olivier. C'est que l'industrie de la figue est aussi développée que celle de l'olive. Le figuier est la providence du Kabyle, et les figues constituent un produit alimentaire et un objet d'exportation.

Le figuier est l'arbre que les Kabyles cultivent avec le plus de soin; depuis quelques années les plantations prennent une grande extension.

Le figuier se multiplie par boutures. Il se plaît dans les terrains légers et sablonneux. Pour protéger les jeunes plants contre la chaleur en été et aussi la dent des animaux, les Kabyles entourent le tronc de fougère mâle ou de chanvre. Ils font de fréquents labours au printemps. Pour augmenter la production fruitière, les Kabyles pratiquent la fécondation artificielle. A la fin de juin et au commencement de juillet ils cueillent ou achètent des figues mâles (*soukhars*) et les placent sur des figuiers femelles, par paquets de quatre à cinq fruits réunis par un lien de palmier ou de jonc. Certaines variétés de figuiers donnent deux récoltes par an. Les premières figues (*bakours*), figues fleurs, sont grosses et aqueuses. Elles arrivent à maturité en juin et juillet. La seconde récolte est de beaucoup la plus importante cependant. Elle a lieu fin août et première semaine de septembre.

La figue complètement mûre se vide, se dessèche et tombe au moindre attouchement. C'est à ce moment que les Kabyles font la cueillette. Beaucoup se servent de la gaule. Mais ce procédé nuit aux récoltes futures. Il serait préférable de ramasser les fruits à la main, comme on le fait en France pour les pommes et les poires.

Après la cueillette, les figues sont étendues sur des claies en roseau et exposées au soleil. Le séchage assure leur conservation. Aussi doit-il se faire dans de bonnes conditions. Il exige un temps chaud et un vent léger.

Les claies sont disposées dans un champ, à proximité d'un gourbi en branchages ou d'un hangar. On les rentre chaque soir pour préserver les figues de la rosée ou de la pluie. La dessiccation est terminée en sept ou huit jours. Les figues sèches sont alors entassées dans le hangar. Le Kabyle garde la quantité nécessaire à la consommation, et met le reste en sacs pour être vendu. Le prix varie entre 15 et 20 francs le quintal.

Tizi-Ouzou est le centre du marché aux figues. Il existe là des dépôts où l'on fait le tri. Les fruits les meilleurs sont mis en caisses ou en couffins et expédiés soit en France, soit en Autriche. Les autres servent à fabriquer le café de figues, l'alcool ou le vin de figues.

Mieux comprise, l'exploitation du figuier enrichirait la contrée. C'est ainsi, par exemple, que les figues gagneraient à être mises en caisses aussitôt le séchage. Les diverses manipulations qu'on leur fait subir actuellement en diminuent la valeur. C'est ainsi encore que rien n'est tenté pour lutter contre un ennemi de la figue. C'est un papillon qui pond ses œufs dans le jeune fruit et donne ainsi naissance à une larve rougeâtre qui ronge la figue et la rend inutilisable. Pour prévenir l'éclosion des larves, en Asie Mineure, aussitôt la cueillette terminée on trempe les figues dans l'eau de mer bouillante. Les Kabyles ne pourraient-ils remplacer l'eau de mer par de l'eau salée?

Sous les oliviers et les figuiers, en plaine également, le Kabyle cultive l'orge, le béchena et le blé. La semence est répandue à la volée avant le labour. Mais les mauvaises herbes croissent vite. On emploie les femmes à sarcler au moyen d'une binette. Elles gagnent, à ce travail, 50 centimes par jour et un litre de figues sèches. La moisson a lieu en juin et juillet au moyen de la faucille. Les moissonneurs reçoivent 1 franc et sont nourris.

On extrait le blé des épis par le dépiquage qui se fait au moyen de bœufs. On vanne ensuite en plein air en jetant le grain au vent à l'aide de pelles en bois. Des jarres en terre le recueillent pour le conserver durant l'hiver.

Bien que tous les recoins de la terre soient utilisés, la Kabylie ne peut nourrir sa population. Un certain nombre de Kabyles sont obligés d'émigrer vers les villes ou la plaine, et se livrent à toutes sortes de travaux.

Les hommes valides émigrent vers les provinces d'Oran ou de Constantine, et se louent chez les colons, dans les villages français, à 1 fr. 50 ou 2 francs par jour, ou dans les villes comme ouvriers. Ils sont appelés avec raison les *Auvergnats de l'Algérie.*

Les Kabyles, laborieux, prévoyants et économes, sont les meilleurs auxiliaires de nos colons. Ils sont agriculteurs, forgerons, maçons, menuisiers, bouchers, maquignons, bergers, vanniers, colporteurs et commerçants. Ils ont de grandes aptitudes pour le travail manuel, et tous les métiers leur sont accessibles.

Les principales industries qu'ils exercent dans leur pays même sont : la fabrication des burnous, des plats en bois de frêne, du savon, du charbon, des armes ; la vannerie, les ustensiles en fer ou en bois.

Ils se nourrissent principalement de couscous fait avec de la farine d'orge ou de blé, de figues sèches, de laitage, de glands doux, de galette trempée dans l'huile. Une famille de cinq à six personnes dépense annuellement, pour sa nourriture et son habillement, de 500 à 600 francs.

Le mot kabyle vient de « *khiba* » qui signifie confédération. Celle-ci comprenait plusieurs tribus ; la tribu, plusieurs villages. Le village était autrefois une sorte de république, divisée en quartiers ou kharoubos ; elle était administrée par la *djemâa*, sorte de conseil municipal présidé par l'*amin* (maire) assisté du *tamen* (adjoint). La djemâa pouvait déclarer la guerre ; elle jugeait les affaires civiles et criminelles, d'après la coutume des *Kanoun*, qui n'était pas écrite, mais se conservait par tradition.

Aujourd'hui, un certain nombre de villages sont groupés en commune mixte, sous la direction de l'administrateur et de ses adjoints, l'amin indigène restant sous son autorité à la tête du village. L'administration n'est pas toujours facile, car on rencontre chez le Kabyle, mélangé à de nobles sentiments de solidarité, un esprit de haine et de rancune que nos mœurs condamnent.

Ainsi, en Kabylie, les pauvres sont secourus fraternellement, l'hospitalité est un devoir sacré, au même titre que l'aumône. La promesse de secours, l'*anaïa* n'a jamais été violée. Pendant les épidémies il y a des personnes qui se dévouent pour soigner les autres; elles voient le péril chez autrui et le bravent néanmoins : c'est le *messabbel*. Les Kabyles s'entr'aident dans les travaux pénibles, tels que con-

Femme kabyle préparant le couscous.

struction de maison, moisson, cueillette des figues ou des olives, etc.

Dans chaque village, il y a la *nouba*, qui consiste à accorder l'hospitalité aux voyageurs surpris par la nuit et qui n'ont pas l'habitude de mendier. Elle se fait à tour de rôle par tous les habitants aisés du village.

Par contre, chez ce même homme, généreux au possible, la vengeance est un droit, parfois elle s'exerce d'une manière terrible. Des dissensions continuelles troublent les communautés indigènes, chaque village est partagé en deux partis ennemis.

D'autre part, une sorte de vendetta existe encore en Kabylie. A la suite d'un assassinat, les parents du mort doivent s'attaquer, non pas toujours au meurtrier lui-même, mais au plus puissant des membres de sa famille. La mort ayant suivi la mort, les deux familles font la paix et reprennent entre elles leurs relations de jadis.

Le peuple kabyle est très superstitieux : il invoque souvent le Créateur pour obtenir ce qu'il désire, la pluie, par exemple. Les enfants du village, réunis, chantent : « O Dieu! arrose nos champs secs et sauve nos récoltes de la sécheresse! »

Chaque propriétaire, en récompense, leur donne quelques victuailles : farine, viande, œufs, oignons, pois, fèves, etc., avec lesquels ils préparent un couscous auquel ils sont heureux de faire honneur.

Les Kabyles étant mahométans, ils observent les principales prescriptions du Coran : prière avant le lever du soleil ; prière à une heure, à quatre heures, au coucher du soleil ; prière une heure et demie après son coucher; observation du jeûne du Ramadan pendant trente jours (privation de tout aliment et de toute boisson pendant le jour, repas à 6 heures du soir et 4 heures du matin, absence totale de vin et de viande de porc).

Les Kabyles, enfin, célèbrent ponctuellement les quatre fêtes prescrites :

1° L'*Aïd sr'ir* (petite fête). Elle a lieu après un jour de marché, pour terminer le Ramadan. C'est une réjouissance générale.

2° L'*Aïd kébir* (grande fête). Elle arrive soixante-dix jours après. La veille, le marché se tient dans toutes les tribus. Les parents y amènent leurs enfants pour leur acheter des jouets et des habits. Le jour même de la fête, chaque famille égorge un mouton en souvenir d'Abraham. C'est pour cette raison que l'Aïd kébir est aussi appelée la *Fête du Mouton*. Elle se prolonge jusqu'à ce que le mouton soit complètement consommé.

3° L'*Achoura*. Cette fête arrive un mois après. C'est le jour où les pèlerins se baignent à La Mecque. Les ablutions faites dans la ville du prophète effacent tout péché. A l'occasion de cette fête, personne ne travaille. La légende dit que tout individu qui travaillerait pendant la fête de l'Achoura aurait les mains paralysées ou serait saisi d'un tremblement nerveux.

4° L'*El-Mouloud*. Elle a lieu deux mois après. Anniversaire de la naissance du prophète, elle revêt moins de solennité que les précédentes. Les Kabyles se bornent à tirer des coups de fusil pendant la nuit et à éclairer les endroits vénérés en l'honneur de Mahomet.

Le Kabyle aime l'argent; aussi très souvent cache-t-il ses économies, les enterrant dans un coin de sa demeure, dans son champ. Beaucoup pratiquent l'usure. C'est généralement le jour du marché que se paient les impôts. Non loin du receveur, à deux ou trois cents mètres, se tient le banquier. Le contribuable à qui il manque 5 ou 10 francs trouve facilement à les emprunter, mais à la condition de rapporter huit jours après 5 fr. 50 ou 11 francs. C'est bel et bien du 500 pour 100, si l'on néglige même de compter l'accumulation des intérêts.

La femme est aussi avide que l'homme. Elle a plus de liberté que la femme arabe : elle peut sortir sans voile. Généralement elle est plus propre que le mari; elle aime à se parer, soit de colliers, soit de bracelets ou de pendants d'oreille en forme de grands anneaux.

Bien que la polygamie soit permise, rarement le Kabyle introduit plus d'une femme dans son intérieur : de là sans doute la plus grande influence de celle-ci.

La femme s'achète. Le prix varie entre 50 et 1.000 francs. Ce dernier taux est rarement atteint : il suppose une illustre naissance et une rare beauté. Le prix courant est de 50 à 200 francs. Le consentement des parents une fois obtenu, les fiançailles ont lieu devant un marabout ou un notable du pays. Les parents des conjoints s'entendent pour le prix, puis le fiancé offre des bijoux, des habits à sa future femme. Après le versement par le mari du prix convenu, le mariage est célébré en grand apparat : les amis sont invités, la musique joue et on procède à la *thaaoussa*. Chaque invité verse une certaine somme; mais le marié lui rendra une somme égale si, plus tard, il est invité chez lui. La thaaoussa couvre souvent les frais de la fête, et parfois même le prix d'achat de la femme.

La naissance d'un garçon est célébrée par une fête, tandis que la naissance d'une fille passe inaperçue. Le Kabyle ne l'annonce même pas à ses amis, et tient à ce qu'on ne lui en parle pas. Le père récompense celui qui, le premier, lui annonce la naissance d'un fils; la mère reçoit des cadeaux de ses parents, elle a désormais le droit de porter sur le front un diadème. Ce sont les grands-parents qui choisissent le prénom du nouveau-né.

Longtemps, les Kabyles se sont refusés à toute déclaration de naissance à l'officier de l'état civil. Aujourd'hui, ils s'y prêtent volontiers, et d'eux-mêmes vont à la mairie, sans qu'on soit obligé d'user de rigueur.

La femme kabyle peut acquérir dans la famille

une certaine influence. Elle jouit des mêmes droits que l'homme devant les tribunaux. La femme trop maltraitée par son mari a le droit de s'enfuir chez ses parents et de demander le divorce.

Pour qu'un Kabyle divorce d'avec sa femme, il lui faut des raisons sérieuses, et il le fait par cette formule répétée trois fois : « Je te divorce ; Dieu m'en soit témoin. » La somme versée par le mari au moment du mariage lui est rendue le jour où la femme se remarie.

La femme divorcée peut être reprise, si elle devient mère après le divorce. Dans le cas contraire, c'est péché de reprendre une femme qu'on a répudiée.

A l'occasion des décès, les personnes affligées reçoivent les sympathies des amis et leur offrent un repas. Les proches parents et les amis s'occupent de toutes les besognes que nécessite l'inhumation : choix de l'emplacement de la fosse, transport de dalles pour le tombeau, etc. La famille du défunt se met en prière et demande à Dieu de la consoler, et de transformer ce deuil en joie. Le Kabyle étant très fataliste, il se détache facilement de ce monde, et, d'autre part, sa disparition laisse peu de regrets.

Les Kabyles sont très superstitieux. Ils croient aux diables, aux mauvais esprits, aux sorciers. Les marabouts entretiennent ces superstitions et les exploitent. Ils écrivent des amulettes que les malades portent attachées à leur cou, dans une gaine de cuir.

L'instruction, cependant, détruit les préjugés et ruine l'influence des marabouts. Arrivera-t-elle à transformer totalement les mœurs? On n'ose répondre par l'affirmative, quand on voit avec quel plaisir et quel empressement retournent à leurs habitudes premières ceux qui se sont longuement frottés à notre civilisation.

Que ne pourrait cependant cette race intelligente, énergique, douée de brillantes qualités, si elle acceptait enfin sans arrière-pensée, avec la pratique d'une hygiène bien comprise, le travail par les méthodes perfectionnées de l'outillage européen, et si nous-mêmes pouvions l'affranchir de cette plaie sociale qui ronge la classe moyenne et annihile ses efforts, l'usure !

---

# CHAPITRE X

## Boufarik. — Blida.

Jeudi, 16 avril.

Dès le matin, nous quittons Tizi-Ouzou pour aller sur Blida. Jusqu'à Ménerville, nous faisons en sens inverse, mais de jour, notre trajet de l'avant-veille au soir. De Ménerville la voie nous conduit à Maison-Carrée. C'est là que l'on quitte l'Est-Algérien, pour prendre le P.-L.-M.

De Tizi-Ouzou à Maison-Carrée, la ligne, par elle-même, est assez intéressante; les travaux d'art y sont nombreux : ponts métalliques jetés sur des oueds, viaducs dans la région montagneuse, tunnels, se succèdent à courts intervalles. Le pays enfin ne manque pas de pittoresque, et les cultures y sont riches. Depuis assez longtemps cette contrée est colonisée, et la main de l'homme y a très avantageusement corrigé les caprices de la nature. C'est ainsi que la voie franchit un canal creusé par l'administration pour dessécher un marais qui existait autrefois dans les environs de Maison-Blanche, et que l'on nous signale à 20 kilomètres de là, dans la direction du sud, un barrage qui retient au pied du Petit-Atlas 14 millions de mètres cubes d'eau répartis, selon les besoins de l'irrigation, sur 14.000 hectares de terres cultivées.

La culture de cette région semble prospère. Les champs de céréales voisinent avec les vignobles et les plantations de figuiers et d'oliviers. Les forêts sont belles. Vers Réghaïa surtout, le chêne-liège en est l'essence dominante. Le gibier y abonde, notamment le sanglier. Quel dommage pour les chasseurs de la caravane, de ne pouvoir s'arrêter ici, rien qu'une journée !

« Maison-Carrée ! les voyageurs pour Blida, Miliana, Orléansville et Oran changent de train ! »

Bientôt donc, nous roulons sur le P.-L.-M. Nous n'en irons pas plus vite. Mais, qu'à cela ne tienne, le pays est si agréable !

Nous voilà dans la plaine de la Mitidja, large de 20 à 30 kilomètres. Au nord, elle est dominée par les coteaux du Sahel, à pentes douces couvertes de vignobles. Les fermes et les villages, à moitié cachés par les orangers et les oliviers, s'alignent au pied de ces coteaux. Au sud, se profilent les chaînes boisées de l'Atlas tellien, semblables aux croupes du Jura méridional. Elles limitent et découpent agréablement l'horizon.

Entre ces deux séries de hauteurs inégales, la plaine étale à perte de vue ses immenses champs de céréales, ses prairies artificielles, ses plantations de vignes aux lignes interminables : c'est la grande culture. De loin en loin, les fermes se dissimulent et s'abritent derrière un bouquet d'eucalyptus. A quelque distance, les gourbis des indigènes employés à l'exploitation de la propriété.

Mais, subitement, l'air s'embaume : nous approchons de Boufarik. Les orangers et les citronniers présentent leurs bataillons serrés, à la vue du touriste émerveillé. Quelques arbres sont chargés de fruits d'or ; la plupart sont couverts de fleurs dont le parfum remplit l'atmosphère.

Au milieu de ces jardins, Boufarik, avec de larges avenues qui se coupent à angle droit, et où alternent les palmiers, les orangers et les mimosas. Tout cela, sous un ciel sans nuages et inondé de lumière, ressemble à un décor de théâtre. Et quand on essaye de préciser ses souvenirs, il semble qu'on ait vu ce pays dans un rêve.

La caravane ne devait pas s'arrêter à Boufarik, car le temps manquait, si l'on voulait arriver pour les fêtes du soir, à Alger.

Afin de nous dédommager dans la mesure du possible, M. Meunier, qui a visité la région, nous donne sur elle les détails suivants :

## BOUFARIK

« Boufarik était, lors de la conquête, un pays marécageux où la fièvre régnait en permanence. C'était cependant un centre de réunion pour les Arabes de la contrée. Aujourd'hui encore se voit, sur l'emplacement du marché, l'arbre sous lequel, le lundi, le cadi rendait la justice. Si l'on en croit la légende, à cet arbre même étaient pendus les condamnés à mort. Il est vrai de dire que l'agha d'Alger, de qui relevaient les cadis, avait seul le droit de prononcer la peine capitale.

« La résistance des indigènes étant acharnée, les révoltes se renouvelant sans cesse contre nos troupes, en 1835, Drouet d'Erlon, au milieu des marais, installa un camp pour tenir en respect les indigènes, puis fonda une ferme qui porte encore son nom. Trente-cinq petits marchands, cantiniers et ouvriers d'art, vinrent se grouper, à proximité des troupes, sous des gourbis faits de branchages, de roseaux et de paille de marais. Telle fut l'origine de Boufarik.

« Le baron de Vialar y fonda bientôt une sorte de maison de refuge, servant aussi d'hôpital, que dirigea le dévoué docteur Pouzin.

« Soldats et colons, trop souvent, payèrent de leur vie un séjour quelque peu prolongé dans ce pays. Les fièvres en emportèrent des foules, malgré l'énorme consommation de sulfate de quinine. Celui-ci se débitait dans les cantines en guise d'apéritif et de digestif.

« En 1842, sur 300 habitants il en périt encore 92, et ceux qui échappent à la pernicieuse fièvre ont le visage vert et bouffi. Aussi, pendant longtemps était-ce l'habitude en Algérie de dire d'un fiévreux : « Il a la figure de Boufarik. »

« La passion de la chasse fit aussi de nombreuses victimes : dès qu'un imprudent s'aventurait à la recherche d'un gibier dont le nombre excitait la convoitise des colons, un Arabe caché derrière quelque buisson du maquis s'élançait subitement sur lui, le terrassait et lui coupait le cou, emportant sa tête sanglante en signe de trophée.

« C'est pour parer à ces éventualités sinistres qu'un télescope avait été installé à l'observatoire du Camp d'Erlon. Tous les matins un sous-officier fouillait, explorait la Mitidja. Quand des partis ennemis étaient aperçus rôdant dans la plaine, ce sous-officier en donnait immédiatement avis; la ville était alors

Cliché L. Moebs.

Types d'Arabes nomades.

consignée pour tout le monde, et les pavillons étaient hissés. » (*Colonel Trumelet.*)

« Bref, les débuts furent excessivement pénibles. Mais la ténacité de nos hommes finit par avoir raison de l'hostilité des Arabes et de l'insalubrité du pays.

« Par des travaux de canalisation, on assainit le sol, et aujourd'hui Boufarik est une belle ville avec de larges rues ombragées de palmiers et surtout de superbes platanes plantés en 1843. M. Borély de la Sape, qui fut longtemps à la tête de l'administration de Boufarik, peut, avec le service des Ponts et Chaussées, revendiquer l'honneur de cette merveilleuse transformation.

« La plupart des maisons, construites à l'européenne, sont entourées de jardins. Sur la place principale, en 1887, a été érigée une belle statue du sergent Blandan, le héros de Béni-Méred.

« A l'ouest de la ville, près de la route de Blida, se trouve le marché. Tous les lundis, trois ou quatre mille Arabes y accourent. Les transactions sont nombreuses et portent sur les céréales, le foin, les oranges et surtout les moutons. Il n'est pas rare, en juillet, août et septembre, de compter 32.000 têtes de bétail. Le vendeur paie un droit de place de 10 centimes pour chaque animal. Aussi le marché est-il affermé 45.000 francs. Il convient d'ajouter que, ce qui arrive assez souvent, si les marchands venus de France, craignant de ne pas trouver une provende suffisante sur le marché du lundi, vont le dimanche à la rencontre des troupeaux et traitent séance tenante, ils doivent néanmoins acquitter le droit en passant à Boufarik, bien que ne pénétrant pas sur la place du marché.

« Les environs immédiats de Boufarik, et toute la belle et vaste plaine de la Mitidja, sont livrés à la grande culture.

« En premier lieu, il convient de placer celle de la vigne.

« Le phylloxéra ayant chassé de France de nombreuses familles de vignerons qui émigrèrent en Algérie, on songea tout naturellement à utiliser cet élément précieux et on planta les premiers ceps. Les résultats merveilleux que l'on obtint ne firent qu'encourager la masse, et la création de vignobles marcha à grandes enjambées et à tel point que l'on se demande à l'heure actuelle s'il ne serait pas temps d'enrayer, dans la crainte d'une surproduction qui entraînerait la mévente dont se plaignent déjà les viticulteurs français.

« Plusieurs maisons de la région exploitent chacune de 1.200 à 1.800 hectares. Pour 1.500 hectares, par exemple, plantés en vigne dans une même ferme, on trouvera également 50 hectares d'orangers, autant de tabac, de géranium ; également des pâturages pour l'élevage du cheval de sang.

« Des gardes kabyles assurent le respect des récoltes, notamment contre les chacals très friands de raisin, mais aussi contre les indigènes chapardeurs.

Au moment de la vendange on engage les Arabes et les Kabyles par milliers. On les paye 2 à 3 francs par jour, avec pain et raisin à discrétion.

« On fait aussi beaucoup d'essence de géranium, qui se vend 250 à 300 francs le kilogramme, et remplace l'essence de rose, qui vaut 1.200 à 1.300 francs. »

Mais, au cours de ces explications, le train a marché, et bientôt M. Meunier nous signale sur la route qui, de loin, reste parallèle à la voie ferrée, une large dépression de terrain que les cultures tendent à niveler chaque année, et où, le 11 avril 1842, le sergent Blandan préféra mourir plutôt que de se rendre aux Arabes qui l'attendaient, couchés dans le ravin que traverse la route.

Puis, c'est le village de Beni-Méred, où, sur la place principale, se dresse une fontaine surmontée d'un obélisque. C'est un monument élevé à la mémoire de Blandan et de ses compagnons d'armes. Sur les faces sont écrits en français et en arabe le récit du combat de Beni-Méred et les noms des 21 braves qui tombèrent sous les coups des cavaliers ennemis.

Notre histoire militaire est pleine d'exemples de ce genre; mais quand on voit de près un coin de terre arrosé du sang français, on ne peut se défendre d'une profonde émotion. Cette terre nous semble plus précieuse et mieux nôtre. Combien, se rend-on compte ici, a été pénible et longue la conquête de cette région ! Ainsi, là-bas, sur notre droite, entre la voie ferrée et la route, sont les gourbis d'une tribu qui fut la dernière à se soumettre. Et après même qu'elle eut posé les armes, le passage sur la route était loin d'être sûr, la nuit. C'est depuis une quinzaine d'années seulement que des isolés ne s'échappent plus du village, pour venir faire le coup de feu contre les Européens attardés dans leurs voyages.

Nous arrivons à Blida, le pays par excellence où fleurit l'oranger.

« Blida, 28.000 habitants, est la ville la plus importante de la Mitidja, et la sixième de l'Algérie par sa population. Presque entièrement détruite par un tremblement de terre en 1825, et pendant les assauts qu'elle subit au moment de l'occupation française, elle ne compte que peu de maisons arabes. Aussi Blida n'a-t-elle guère conservé son caractère oriental. Elle ressemble à une sous-préfecture de la métropole. Mais, ce que n'ont pas nos sous-préfectures, c'est le ciel bleu, le soleil d'Afrique, dont « la lumière répand sur toute chose un sourire éblouissant qui est la fête perpétuelle des yeux ».

Blida possède de belles avenues plantées d'orangers, de palmiers et de magnifiques platanes. Elle est entourée d'un mur percé de sept portes, et protégée par le fort Mimich qui domine la plaine. A une faible distance, coule l'Oued-el-Kébir, ou *Grand Fleuve*, aux eaux abondantes, sur lequel on a construit des minoteries, des pressoirs à huile et des fabriques de pâtes alimentaires et de papier.

Un dépôt de remonte occupe tout un quartier de la ville. Des boxes y sont aménagés, qui peuvent contenir 500 étalons. L'installation de cet établissement est remarquable. On y voit de jolis chevaux *pur sang arabe* et principalement des *barbes*.

Tous ces chevaux sont installés en plein air, abrités seulement par un toit contre les averses ou contre les ardeurs du soleil : ce détail en dit long sur le climat de la contrée.

Le quartier indigène, de date récente comme la ville européenne, est relativement bien construit : les rues y sont larges, bien alignées et propres, mais sans cachet. Des maisons basses présentent régulièrement leurs petites échoppes servant de magasins ou d'ateliers.

Les métiers y sont groupés par rues : ici les marchands de comestibles, plus loin les négociants en tissus; dans une autre rue, les forgerons dont l'enclume résonne à nos oreilles, tandis qu'en face les menuisiers poussent la varlope ; ailleurs, des hommes accroupis brodent en silence, avec des fils d'argent, des porte-monnaie en maroquin. Et toujours, à côté de quelques travailleurs, beaucoup de paresseux.

Dans toute la ville les indigènes paraissent jouir d'un bien-être que nous n'avons pas rencontré ailleurs; ils ont les traits moins étirés; ils sont moins loqueteux, et leurs burnous sont presque blancs.

Les autres curiosités de Blida sont le superbe jardin Bizot, puis le Bois Sacré, véritable forêt d'oliviers plusieurs fois séculaires, gros comme des noyers, sous lesquels s'abritent des ficus et des mimosas. Ces troncs antiques, ces branches noueuses et tordues, ce feuillage épais que traversent de rares éclairs de lumière font penser aux forêts de la Gaule que fréquentaient les druides. La présence sous ces ombrages d'une kouba ne contribue pas peu à cette idée.

Le monument a été élevé à la mémoire du marabout Sidi-Yacoub. C'était un pauvre diable vivant d'aumônes; sa vie toute d'austérité et de folie mystique a fait passer son nom à la postérité. Sous la coupole bleue où reposent ses cendres, brûle constamment une pâle veilleuse. Par la porte grande ouverte, nous avons pu voir les indigènes des deux sexes, les pieds nus, accroupis autour de son tombeau. Un iman de sixième ordre, en des sons gutturaux, adressait des invocations à Allah. J'ai compris les élans de sa prière, après qu'on m'eut expliqué qu'il recevait les offrandes faites au saint, et qu'il en vivait. Et je n'ai pu m'empêcher de penser que dans tous les pays la foi appelle l'exploitation. (*Dagand.*)

Quand on va à Blida, une promenade à la Chiffa est de tradition. Et cependant les gorges le cèdent en pittoresque à celles des Portes de Fer et de Palestro. Mais on court la chance d'y rencontrer des singes. Je dois à la vérité de dire que nous fûmes des mieux partagés, car nous en vîmes plus de quarante. Ils étaient à 100 mètres au plus du restaurant dit « *Ruisseau des Singes* », dans l'étroit vallon, bien boisé, qui porte le même nom. Sans doute ils étaient venus en troupe s'abreuver au ruisseau qui dégringole en cascades successives de la montagne. Deux petits sont assis en face l'un de l'autre et se taquinent. Ils avancent leurs pattes, les retirent. On dirait qu'ils jouent aux cartes. Nous sommes séparés d'eux par le ruisseau, large en cet endroit d'une dizaine de mètres, et notre présence ne les effarouche pas trop. De plus grands vont, viennent, circulent à travers les branches, nous regardent curieusement. Mais bientôt tous les membres de la caravane arrivent, à la nouvelle que les singes sont là. C'est trop de monde, sans doute, pour nos quadrumanes, car bientôt ils escaladent les rochers, les petits suivant les plus grands, et le dernier disparaît derrière les arbres des sommets.

De singes, il ne reste plus que deux captifs dans une cage de l'auberge. Ils ont été pris à l'aide de pièges. Ils tendent une patte avide vers une orange qu'ils aperçoivent dans le capuchon du plaid de Mme Leroy. L'un d'eux la saisit et la partage en deux moitiés, mais... pour lui seul. L'autre se risque à prendre une pelure; le premier saute sur lui et le mord impitoyablement, sans le lâcher, pendant deux ou trois secondes au moins. Oh! le vilain singe! Il est aussi méchant que certains hommes.

Et maintenant, à fond de train sur la gare de Blida, et en route pour Alger.

---

## CHAPITRE XI

**Alger. — Les mosquées. — La ville arabe.**
**Les tapis algériens. — Mustapha.**

Nous y arrivons à la nuit tombante, et nous gagnons les hôtels qui nous sont désignés, et qu'à grand'peine ont trouvés M. Glorieux, secrétaire du Comité d'hivernage, et M. Collet, instituteur à Alger. C'est que, depuis la veille, Alger est en fête, et les étrangers sont accourus en foule.

Après le dîner, nous nous dirigeons par la rue Bab-Azoum vers la place du Gouvernement. La rue est bien décorée, brillamment illuminée. Nous nous extasions. M. Meunier sourit de notre enthousiasme, et sournoisement insiste pour que nous passions sous les arcades du côté droit. Il avait son idée, le traître! En effet, quand nous débouchons sur la place qui jusqu'ici nous restait masquée, le coup d'œil le plus féerique nous frappe subitement, et l'admiration nous cloue sur place.

La Mosquée des Pêcheries est là devant nous, à quelques pas, toute resplendissante de feux diversement colorés. Il faudrait la plume d'un Gautier pour rendre l'effet puissant, grandiose, de ces milliers de verres aux couleurs variées, qui garnissent les dômes, dentellent les créneaux, tapissent les blanches murailles, tamisent une lumière veloutée dont le chatoiement a quelque chose de mystique...

Jamais je n'oublierai cette splendide fête.

Vendredi, 17 avril.

Le rendez-vous est pour huit heures au salon du Comité d'Hivernage, non loin de la place du Gouvernement. Il est mis gracieusement à notre disposition pour la durée de notre séjour à Alger. Beaucoup de touristes y font leur correspondance. Pour moi, je me promène sur le boulevard de la République; Jeanne et Georgette m'y rejoignent, et, de concert, nous admirons les majestueux bâtiments de guerre qui sont sur rade. C'est chose toute nouvelle pour nous que ce spectacle grandiose, cette animation, cette vie active qui règne dans le port, les allées et venues des canots qui transportent à quai, ou d'un navire à l'autre, les officiers des divers bâtiments qui se font visite en bons camarades.

Un coup de sifflet retentit derrière nous : c'est le ralliement des touristes. MM. Glorieux et Collet nous entraînent pour la visite de la ville.

Notre premier arrêt fut à la Mosquée des Pêcheries, si bien illuminée la veille. Elle est consacrée au rite *hanefi* pratiqué par les Turcs. Sa construction serait due, d'après la légende, à un architecte chrétien, prisonnier des Musulmans en 1660, qui lui avait donné par dérision la forme d'une croix. Résultat de cette plaisanterie : mise à mort.

Comme la plupart des constructions mauresques, la mosquée est blanchie à la chaux extérieurement, ce qui la rend éblouissante, aveuglante même, sous les rayons du soleil.

Elle est en contre-bas. On y accède par un escalier qui mène d'abord près des étals de la poissonnerie. De là on pénètre dans la mosquée, qu'autrefois on ne pouvait visiter que pieds nus. Il suffit maintenant de chausser de larges babouches qui sont déposées près du seuil. Mais, comme nous sommes trop nombreux, un marabout, un mufti, je ne sais, étend une natte de jonc sur le tapis qui recouvre le sol, et, après qu'on nous eut recommandé de prendre nos précautions pour ne pas toucher ledit tapis, même du bout du pied, surveillés en cela et de très près par le

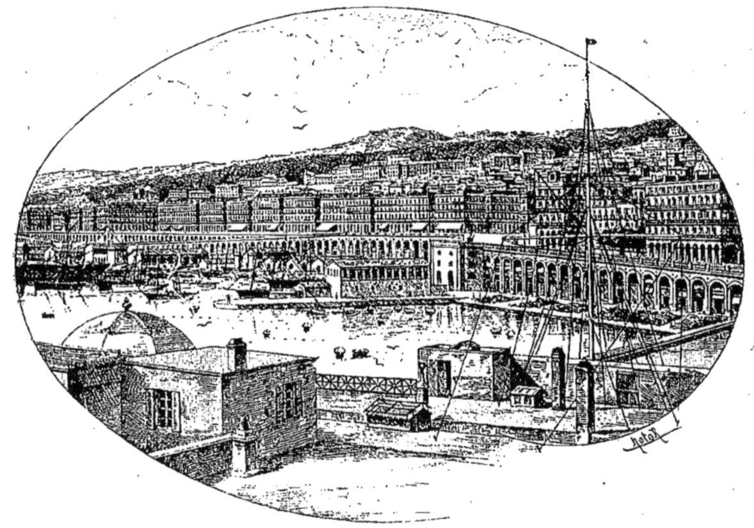

Alger. — Vue générale.

bonhomme, nous pûmes jeter un coup d'œil à l'intérieur du monument.

Cet intérieur est simple : pas d'ornements aux murs; au plafond, quelques lustres sans beauté; par exemple, une chaire en marbre blanc, finement sculptée; à terre, de riches tapis d'Orient. Tout autour règne une galerie, seul endroit où les femmes pénètrent le vendredi, jour de leurs dévotions et de leurs visites dans les cimetières.

Il en est ainsi, ou à peu près, de toutes les mosquées; par exemple, de la Grande Mosquée qui se trouve à côté, dans la rue de la Marine, consacrée, elle, au rite *maleki*, que suivent les Maures et les Arabes.

Dans la cour intérieure de celle-ci, un bassin pour les ablutions. Au moment de notre arrivée, un Arabe, dévotement, s'y lave le visage avant de pénétrer lui-même dans le sanctuaire. Quelques musulmans sont en prière. Prosternés, le front à terre, ils se relèvent comme mus par un ressort, jettent les bras au ciel, se prosternent à nouveau, et ainsi jusqu'à la fin de leurs invocations à Allah. Nous faisons la remarque que tous sont placés derrière un pilier. « C'est, nous dit-on, qu'ils veulent éviter que quelqu'un puisse passer devant eux, car alors ils seraient obligés de recommencer. »

Nous avons encore, au cours de la matinée, l'occasion de visiter la mosquée Sidi-Abderrhaman, dite Mosquée Sainte, une des plus anciennes et certes la plus jolie d'Alger. Appartenant à quelques familles riches, elle n'est pas livrée à un culte public, et ne se visite qu'à des heures et des jours déterminés. Aussi, quand nous nous présentons, notre guide est obligé de parlementer longuement avec le farouche cerbère qui en défend l'entrée. « J'ai mis un général à la porte, grogne-t-il dans son langage difficilement traduit. Vous n'entrerez pas davantage. Au demeurant, je n'ai que trois babouches. » C'est peu pour quarante paires de pieds. Mais M. Glorieux insiste,

Alger. — Mosquée des Pêcheries et place du Gouvernement.

M. Collet se met de la partie. promet que nous serons bien sages, et la porte s'ouvre enfin, Avec la plus entière mauvaise grâce, le vieux jette une loque sur le tapis, et quelques privilégiés, moi-même en me glissant parmi eux, nous pouvons hasarder un pied, par suite un œil, à l'intérieur du lieu saint, tout resplendissant de verreries et de dorures.

A la sortie, nous saluons notre hôte. Il nous répond par un rugissement et nous crache sur les talons, sans doute pour commencer la purification à laquelle il va se livrer pendant huit jours peut-être, assurent nos guides.

« Il est vrai, dit mon père, à tout considérer, que nous sommes de vulgaires profanateurs. Nous avons violenté sa foi, foulé aux pieds les ordres du Coran pour satisfaire une vaine curiosité. Jamais, pour ce croyant, nous, *chiens de chrétiens,* ne serons pardonnés. Malheureusement aussi, pour lui et tous ses coreligionnaires, jamais nous ne serons l'ami. Toujours nous resterons le roumi, l'ennemi. Et c'est une réflexion à se faire : la race arabe paraît difficilement assimilable. Est-elle même assimilable ? »

En sortant de la Grande Mosquée, nous traversons des ruelles étroites, mal pavées, sur lesquelles donnent d'anciennes maisons mauresques, des masures sordides où grouillent les pêcheurs napolitains. Nous passons ainsi près de la Préfecture, qui n'a rien de caractéristique ; puis dans la rue Bab-el-Oued, l'une des principales artères d'Alger, qui, après la place du Gouvernement, est, vers la plage de Saint-Eugène, la continuation de la rue Bab-Azoum. Elle est, comme elle, bordée d'arcades sous lesquelles s'ouvrent les magasins, un peu sombres, mais frais.

Un coup d'œil en passant à Notre-Dame-des-Victoires, ancienne mosquée convertie en église catholique, et nous arrivons à la place Malakoff, sur laquelle donnent, côte à côte, la Cathédrale et le Palais d'Hiver du gouverneur; en face, l'Archevêché.

L'aspect extérieur de la Cathédrale est assez ori-

Cliché L. Moebs.

Alger. — La Grande Mosquée.

ginal. L'intérieur, plusieurs fois transformé, possède encore quelques vestiges de sa destination primitive (c'était, elle aussi, une mosquée), notamment une belle galerie de style mauresque.

Le Palais d'Hiver, quoique de construction récente, est également de style mauresque. De magnifiques arabesques décorent la salle à manger, la salle des fêtes. Deux cours intérieures avec galeries en forme de cloître conservent à l'ensemble un caractère bien oriental. Dans la plus grande, à la hauteur du premier étage, sont placés les bustes des principaux gouverneurs généraux, anciens hôtes de ce palais.

L'Archevêché, comme tout palais arabe, n'a rien de bien remarquable au dehors; mais l'intérieur en est extrêmement riche : ce ne sont que fines arabesques, colonnes de marbre, cour avec galerie, etc. Celui-ci servait, avant la conquête, de résidence à Aziza, la fille du dey. C'est certainement un des plus beaux, un vrai bijou.

Jusqu'ici nous sommes restés dans le quartier européen, ou à la limite du quartier indigène. Nous allons parcourir tout ce dernier, pour atteindre la Casbah, qui domine Alger. Nous gravissons la pente par des rues étroites, aux pavés pointus, avec, de temps en temps, une marche formant escalier.

Aucun alignement n'a été respecté. Les maisons se surplombent les unes les autres, les étages supérieurs étant soutenus par des sortes de chevrons bruts, coupés à même dans le bois. Une seule ouverture toute basse donne sur la rue. Vous la voyez parfois s'entr'ouvrir, et un visage d'enfant ou de femme apparaît à moitié; mais si vous faites mine de vous approcher, vite la porte vous est collée au nez. Si vous hasardez un œil par le grillage (*moucharaby*) dont la plupart sont ornées, vous voyez ou plutôt vous devinez un long couloir sombre par où s'échappe quelque habitant qu'effarouche votre indiscrétion. Beaucoup de ces maisons, qui restent bien closes à l'Euro-

Cliché Leroy.

Femmes mauresques.

péen, sont des merveilles de luxe et de confort.

On n'a pas à entrer dans les boutiques pour faire ses approvisionnements. Elles sont ouvertes sur la rue, comme à Constantine; de même les ateliers des fabricants de chaussures, harnachements, costumes brodés, etc. Le café maure est lui-même largement ouvert, et dès la première heure fréquenté par les Arabes, qui restent accroupis ou assis sur des nattes, écoutant quelque conteur, jouant aux dames, aux dominos, aux cartes également, avec un jeu qui leur est spécial et compte quarante-huit cartes. Et tous ont la cigarette à la bouche, à leur côté la tasse de kaoua.

De la rue, on peut aussi voir réduire le café en poudre. Il ne se moud pas, il s'écrase et devient une poudre fine qui ne diffère du tabac à priser que par sa couleur roussâtre. « Ce sont généralement des nègres qui sont chargés de cette besogne pénible. Le mortier se compose d'un massif de maçonnerie dans lequel on a ménagé un trou de 50 à 60 centimètres de profondeur, sur 20 ou 25 de diamètre. Le nègre soulève et laisse retomber, avec un mouvement automatique et régulier, une énorme et pesante barre de fer dans le trou au fond duquel se trouve le café en grains. En un quart d'heure, il réduit ainsi à l'état de poudre impalpable quelques poignées de café, et cette besogne dure pour lui une partie de la journée, car la consommation du kaoua est considérable dans les pays d'Orient. Le pileur de café est nu jusqu'à la ceinture, et sa peau est recouverte d'une couche de poussière de café qui lui donne l'aspect brun d'un bonhomme en chocolat. » (*P. Lallemand.*)

Une des curiosités encore de ces rues arabes,

c'est le raseur en plein vent. Le perruquier n'a pas de boutique, lui; c'est dans la rue qu'il opère. Accroupi à côté de son client, il lui rase la tête selon

Cliché L. Moebs

Alger. — Rue de la ville arabe.

les prescriptions de Mahomet, laissant sur le sommet la mèche de cheveux (*marabout*) par laquelle le prophète l'enlèvera un jour pour le mettre dans son paradis. Près du raseur, toujours quelques silencieux. Car, en général, près d'un Arabe qui travaille, beaucoup qui le regardent. Tels, sur nos quais, la troupe des badauds suivant de l'œil le bouchon du pêcheur.

Et les petits bourriquets donc? Seraient-ils gentils, ces minuscules baudets, si leur maître en avait quelque soin, s'ils étaient mieux harnachés, si on les occupait à une besogne moins répugnante! Dans ces rues montantes, non sablonneuses, mais caillouteuses, il n'y a pas de forts chevaux tirant un coche. Où diable passerait-il, le coche? Mais on rencontre à chaque pas un petit âne chargé de deux sacs, un à droite, un à gauche, qu'un Arabe déguenillé et sale remplit des ordures ménagères déposées en tas. Et l'âne s'en va doucement, bien doucement, posant avec assurance son pied sur les cailloux pointus, sur les escaliers tortueux, portant au dépôt la charge sous laquelle il ploie.

Pour compléter le tableau, enfin, les hommes au long burnous, les femmes aux culottes bouffantes, glissant silencieusement le long des murailles, comme autant de fantômes.

Tel est le quartier arabe. Toutes les rues s'y ressemblent, s'enchevêtrant à s'y perdre, en un fouillis inextricable.

Avant la conquête, toute la ville était ainsi, même sans une place publique. Tout le quartier qui avoi-

à bon marché. Alger ne sut pas soutenir la concurrence. Cette industrie tomba.

« En 1878, Mme Delfau imagina de la reconstituer en créant son école. Les petites indigènes qu'elle y reçoit gagnent de 3 à 4 francs par semaine. Leur apprentissage terminé, elles entrent dans l'une des quatre grandes fabriques qui se sont fondées à Biskra, Constantine, Alger et Tlemcen, et arrivent à gagner 50 francs par mois. Pour les femmes arabes, dont les besoins sont si restreints, c'est presque la fortune.

« Il y a là une œuvre morale qui mérite les plus sérieux encouragements. Donner un métier à ces femmes qui n'en ont pas, qui n'auraient pas l'idée de s'en procurer un, n'est-ce pas les empêcher de rouler au ruisseau peut-être? Sûrement, c'est introduire l'aisance dans leur intérieur; c'est enfin donner l'exemple à d'autres et les amener graduellement au travail.

« N'oublions pas, d'autre part, que Mme Delfau a ressuscité, pour ainsi dire, une industrie qui a sa répercussion sur le commerce de la métropole. C'est de Roubaix, en effet, que les fabricants tirent la laine dont ils se servent pour les tapis. »

Les dames visitent ensuite une fabrique de broderies indigènes, qui a le don de les émerveiller, tandis que les messieurs parcourent rapidement les salles de la bibliothèque qui renferment plus de 50.000 volumes.

Sur le chemin du restaurant, enfin, on nous fait entrer dans un bain maure. J'en ai encore la sueur au front, rien que d'y songer. Quelle étuve, mes amis! Dans une salle immense où règne une température de plus de 40 degrés, des hommes sont étendus, qui subissent une transpiration très forte durant un quart d'heure au moins, après quoi ils pénètrent dans une seconde salle moins chauffée où ils se font masser; puis, enveloppés de lourdes couvertures, ils se livrent à un sommeil réparateur qui les rend frais et dispos.

Mais, quelle odeur! quel relent de sueur moite, grasse, nauséabonde! Nous passons en courant et sortons, sans aucune envie de changer nos bains à la française pour ceux tant vantés des Turcs.

L'après-midi, par la rue Bab-Azoum et les quartiers les plus modernes, nous gagnons Mustapha supérieur, c'est-à-dire la banlieue immédiate d'Alger vers l'est. Mustapha, c'est Meudon, c'est la colline de Saint-Cloud, avec, en plus, la mer à sa base, la jolie mer si bleue sous un soleil autrement éblouissant que notre pâle soleil de France; Mustapha, c'est un nid de verdure et de fleurs, d'où semblent jaillir les blanches villas, les palais éclatants; c'est, en un mot, le pays rêvé de l'oisif qui cherche avec la tranquillité et le repos la belle nature enchanteresse et revivifiante.

Aussi, je m'explique fort bien que Sa Gracieuse Majesté Ranavalo, dont on nous montre la résidence, ne regrette pas trop Madagascar.

Nous pénétrons dans le jardin des Antiquités algériennes. C'est l'ancienne école normale d'instituteurs, aujourd'hui transférée à Bouzaréah. Le Musée renferme un grand nombre de curiosités archéologiques. Mais il fait si bon dehors, à l'ombre des palmiers, et la vue est si belle !

Aussi, quel enthousiasme, lorsque, deux minutes plus tard, le temps de traverser la route, nous entrons dans le Palais d'Été du gouverneur ! Cette fois, c'est une merveille. Il est impossible de trouver mieux comme jardin, sauf à Biskra, et il faut renoncer à en décrire les beautés, depuis ces coins ombreux et frais que l'on trouve à chaque pas, jusqu'à ce pavillon discret où la brise vient caresser mollement le visiteur attardé, et cet ensemble grandiose d'Alger, du port, de la mer, de tous les environs, que d'un même coup la vue saisit par une envolée à travers les quelques espaces découverts ménagés à dessein dans ces frondaisons de verdure.

Au milieu de ce paradis, le palais, de style mauresque, cela va sans dire, mais d'un luxe ! Le grand salon, la salle à manger, la salle de billard, tout est revêtu d'arabesques finement sculptées, à laisser croire que c'est de la dentelle. L'ameublement enfin est digne du cadre : partout la soie la plus délicate, le velours le plus chatoyant. D'épais rideaux ne laissent filtrer qu'une lueur indécise qui accroît encore le mystérieux caractère oriental de cette demeure.

Un coup d'œil sur l'immense salle à manger et nous gagnons le boulevard Bru, établi à flanc de coteau, et dominant la rade d'Alger sur laquelle on continue d'avoir une vue magnifique.

Dans tous ces recoins, qui ont accès au boulevard, des villas, des hôtels, beaucoup d'hôtels anglais. Décidément, Alger et Mustapha deviennent des stations hivernales fort à la mode.

Nous arrivons à la colonne Voirol, élevée à un carrefour, point culminant de la route (212 mètres). Elle n'a rien d'artistique. Tout à côté, le Bois de Boulogne, vaste terrain planté d'arbres d'espèces différentes, sillonné de routes accessibles aux cavaliers et aux équipages. Il est de bon ton, pour l'aristocratie algéroise, de s'y faire voir, comme à Paris pour les élégantes du noble faubourg de faire un tour dans l'allée des Acacias.

Par le ravin de la Femme-Sauvage, nous voilà en pleine campagne, au milieu de terrains tourmentés, bosselés, sillonnés de frais vallons, et partout ce sont des jardinages. Sur le flanc des coteaux comme dans le creux des ravins, aussi bien que dans un instant au milieu de la plaine, les plants d'artichauts succèdent aux carrés de choux-fleurs, aux champs de

Cliché L. Moebs.

Cimetière arabe.

pommes de terre. Nous sommes en avril, et c'est le moment de la récolte. A chaque instant nous croisons des voitures qui emportent vers le port, à destination de France, les frais légumes qui vont approvisionner nos marchés.

Les Mahonnais, presque exclusivement, peuplent cette partie de la côte jusqu'au cap Matifou, et se livrent à la culture des primeurs. Les pommes de terre dominent. Toutes sont expédiées en mars, avril, mai. En revanche, celles qui doivent servir de semence sont achetées en totalité dans l'arrondissement de Dunkerque, en septembre et octobre.

Un brusque tournant à gauche, et bientôt la caravane pénètre dans le Jardin d'Essai ou Hamma, le Jardin d'Acclimatation de l'Algérie. C'était autrefois une propriété de l'État, qui l'a concédée à une société, à charge par elle de lui conserver sa destination primitive.

Dans ce vaste espace de 80 hectares, sont groupées les plantes les plus diverses, tirées un peu de tous les climats. La végétation est prodigieuse : telle variété de bambous qui nous est signalée pousse de 42 centimètres en vingt-quatre heures, jusqu'à une hauteur de 20 mètres environ. Ne se croirait-on pas dans ce pays du rêve dont parle Jules Verne, et où la croissance se pourrait suivre à l'œil? Toutes les plantes respirent ainsi la force et la vigueur. A les voir, on devine la fécondité du sol, la puissance de la chaleur et l'abondance de l'eau.

Successivement nous passons de l'allée des Platanes à celle des Bambous, des Lataniers; celle des Ficus nous enchante. Nous restons stupéfaits devant le groupe des ficus macrofilla, dont les racines adventives, d'un seul arbre ne tardent pas à créer une petite forêt. Les camphriers, magnolias, cocotiers, bananiers, palmiers, défilent sans interruption, et le maître jardinier, un savant s'il vous plaît, donne sur chaque espèce des instructions dont les amateurs et les spécialistes font leurs délices. Avec lui, chacun des sujets a son histoire, qu'en deux mots bien appropriés il raconte : tel le palmier Thiers, donné au jardin par l'éminent homme d'État.

Un coup d'œil, en passant, sur les autruches, zèbres, casoars, gazelles, et nous quittons ces lieux enchanteurs.

Un coup d'œil aussi sur la mer, avant de reprendre le tramway pour rentrer en ville. Hélas! depuis midi le vent a fraîchi; il souffle avec violence et la mer déferle avec furie. Nos pauvres estomacs déjà se contractent.

Plusieurs navires ont retardé leur départ à cause du gros temps. Dans la crainte de chasser sur leurs ancres, ils se sont éloignés du port, et restent au large, sous pression. Quelle sarabande va danser demain notre paquebot!

---

# CHAPITRE XII

## Le retour.

Samedi, 18 avril.

Il fait un beau soleil, mais toujours du vent, beaucoup de vent, et la mer continue d'être démontée.

Nous avons liberté pleine et entière pour la matinée. Les dames font quelques achats ; les messieurs se permettent un dernier tour dans le quartier indigène, les gourmets rendent visite aux huîtres des Pêcheries, et, à midi, nous embarquons sur le *Duc de Bragance.*

Les fêtes d'Alger avaient attiré beaucoup de Français qui, maintenant, rentrent à Marseille. Aussi le navire est bondé, les dames seulement trouvent place dans les cabines ; on installe les hommes dans les salles à manger, près des cuisines, dans tous les coins. Quant à moi, j'hérite d'un coin de table.

Aussi, nos bagages à peine déposés, remontons-nous sur le pont, où l'on peut à peine remuer, tant il y a foule.

Une heure! La sirène jette aux échos ses cris stridents. Le *Duc de Bragance* s'ébranle; nos mouchoirs s'agitent pour dire adieu à MM. Glorieux et Collet, et bientôt nous voilà de nouveau livrés aux caprices de la mer.

Le plus grand intérêt s'attache encore à la rive africaine. Nous sommes arrivés à Alger le soir, par la voie de terre, et nous n'avons pu jouir du spectacle féerique qu'offre la ville, vue de la mer.

Aussi tous les regards se portent de ce côté. Alger-la-Blanche s'étage en amphithéâtre sur la colline qui borde les flots, s'arrêtant au port par toute une longue ligne d'arcades que surmonte le boulevard de la République. De chaque côté, des bosquets verdoyants, des villas, des palais, la région magique de Mustapha et Hussein-Dey, et, encadrant le tout, à gauche, tirant sur le cap Matifou, le dôme du séminaire de Kouba, à droite, Notre-Dame d'Afrique, tandis que le fond du tableau est constitué par les premiers contreforts de l'Atlas.

Mais le bateau a franchi la passe, bientôt il sort de la baie, les dernières mouettes cessent de nous escorter, la côte ne paraît plus que comme une ligne brunâtre indécise, puis comme une bande noire courant au ras des flots. Enfin elle disparaît totalement, et notre coquille de noix reste seule entre le ciel et l'eau, horriblement secouée.

Déjà le pont s'est dégarni; déjà l'on entend dans les cabines de sourds gémissements; un malaise que je connais trop me tourmente à mon tour, et je gagne précipitamment mon coin de table, où, pendant plus de trente heures, je vais souffrir.

En somme, la traversée fut mauvaise, des plus mauvaises. Nous devions arriver à Marseille le dimanche, vers deux heures; nous débarquions à dix heures du soir.

Un bon dîner, quelques heures de repos nous rendirent en partie nos forces, et dès le matin nous prîmes le rapide.

A Lyon, la caravane commença à s'égrener. La grosse dislocation se fit à Dijon, vers une heure.

Le soir même, nous rentrions à Nancy, fatigués, mais enchantés de notre voyage. Il restera gravé dans mon esprit comme l'ensemble des impressions les plus vivaces qui auront égayé ma jeunesse. Je suis trop inexpérimenté pour me permettre une appréciation générale sur le résultat de notre voyage. Aussi ai-je demandé à mon père de me tracer lui-même ce que je considère comme devant être la conclusion de mes notes.

Voici donc les réflexions qu'il m'a faites :

« On peut affirmer sans témérité la puissance de l'Algérie et sa force de production. Quoi qu'en disent les esprits chagrins, nous y avons fait encore œuvre utile, donnant ainsi la preuve que nous sommes, quand nous le voulons, tout aussi colonisateurs que d'autres.

« Nous nous sommes dit que, se venger d'un affront, réprimer des brigandages, c'était fort bien; que conquérir une contrée superbe et s'y installer en maîtres, pouvait sembler chose toute naturelle; mais que vouloir ôter à un peuple ses habitudes, ses mœurs, sa religion, sa vie, en somme, serait folie. Nous nous sommes dit enfin que le vainqueur avait pour devoir de justifier sa conquête par une administration paternelle et tolérante, largement protectrice des intérêts moraux et matériels du vaincu.

« C'est de cette idée que s'inspirait le maréchal Bugeaud, quand il disait aux habitants d'Alger : « Je serai colonisateur, car j'attache moins de gloire « à vaincre dans les combats qu'à fonder quelque « chose de durable et d'utile en Afrique. »

« Aussi, quel est le résultat de ce mode de colonisation qui, malheureusement, ne fut pas appliqué avec l'unité de vues et de direction indispensable?

« La France a trouvé l'Algérie sans routes, sans ponts, sans chaussées; partout un sol à peine exploité, le marais verdâtre couvrant la plaine, empestant l'air de ses miasmes, semant au loin les germes de fièvres mortelles.

« Aujourd'hui, partout de beaux chemins, une grande ligne reliant Oran, Alger, Constantine et Tunis, rattachée elle-même aux ports principaux, projetant d'autre part ses ramifications sur le sud vers Biskra, Aïn-Sefra; les marais desséchés, assainis, ont fait place à des exploitations stupéfiantes de richesse.

« Les hommes d'initiative sont nombreux en Algérie, et peu se plaignent de leur sort. Tous sont unanimes à chanter les louanges de ce beau pays, à vanter ses ressources.

« Est-ce à dire qu'il suffit d'y mettre le pied pour faire fortune? Loin de là, et le Pactole ne roule l'or à flots, pas plus en Afrique qu'ailleurs. Des imprudents, des téméraires, en ont fait la triste expérience. La colonisation est profitable aux grands capitaux d'abord, qui organisent de vastes entreprises, dirigées scientifiquement et avec beaucoup de prudence.

« Elle réussit au travailleur dont la famille est assez nombreuse pour lui permettre de se passer de la main-d'œuvre étrangère, et qui possède en outre quelques ressources. A celui-là surtout, il faut recommander l'exemple d'autrui, qui l'empêchera de se livrer à des expériences hasardeuses.

« On peut enfin conseiller à l'artisan de se fixer

dans nos colonies, à la condition toutefois de s'entourer à l'avance de renseignements sérieux qui lui permettront de trouver sans tâtonnements coûteux la localité qui attend ses services.

« Encourager à l'émigration l'ouvrier sans argent, sans métier, serait un crime. Diriger vers nos pays d'outre-mer les désœuvrés et les ratés de la vie, est non moins dangereux. L'organisation savante, le labeur incessant, la sobriété, et, encore une fois, certaines avances, sont les conditions essentielles de la réussite.

« Pour ce qui est de nos relations avec les indigènes, de l'usure si fréquente en Algérie, ce sont là terrains brûlants, sur lesquels on ne peut se hasarder qu'en tremblant, même après un séjour assez prolongé dans le pays.

« Disons seulement que la majorité de la population veut la paix dans la rue, la tranquillité qui facilite les affaires.

« Elle peut beaucoup, elle peut tout, cette autre France, si tous ses enfants, à quelque race, à quelque religion qu'ils appartiennent, savent se grouper dans une touchante union qui fera leur force et assurera à leur sol une richesse puissamment aidée par sa fécondité naturelle. »

---

# TABLE DES MATIÈRES

Pages.

CHAPITRE PREMIER.
Le départ. — Lyon et la vallée du Rhône. . . . . . . . . 5

CHAPITRE II.
Marseille. — En mer. . . . . . . . . . . . . . . . . . . . 16

CHAPITRE III.
Bône et ses environs. — Les vignobles. — Les orangers. . . . . . . . . . . . . . . . . . . . . . . . . . 26

CHAPITRE IV.
Constantine. . . . . . . . . . . . . . . . . . . . . . . . 40

CHAPITRE V.
Biskra. . . . . . . . . . . . . . . . . . . . . . . . . . 52

CHAPITRE VI.
L'oasis. — Le désert. — Intérieur arabe. — Le marché. — Sidi-Okba . . . . . . . . . . . . . . . . . . 65

CHAPITRE VII.
Batna. — Timgad. . . . . . . . . . . . . . . . . . . . . 95

CHAPITRE VIII.
Sétif. — Tizi-Ouzou. — Tamazirt. — Fort-National. — Sur la route d'Icheriden. — Une école arabe. . . . 115

CHAPITRE IX.
Notes sur la Kabylie . . . . . . . . . . . . . . . . . . 147

CHAPITRE X.
Boufarik. — Blida . . . . . . . . . . . . . . . . . . . . 164

CHAPITRE XI.
Alger. — Les mosquées. — La ville arabe. — Les tapis algériens. — Mustapha . . . . . . . . . . . . . . 178

CHAPITRE XII.
Le retour. . . . . . . . . . . . . . . . . . . . . . . . . 202



---

Paris. — Imp. Alcide Picard, 192, rue de de Tolbiac. 3. 1909. M. M.

PARIS
IMPRIMERIE ALCIDE PICARD
192, RUE DE TOLBIAC, 192

Contraste insuffisant

**NF Z 43**-120-14

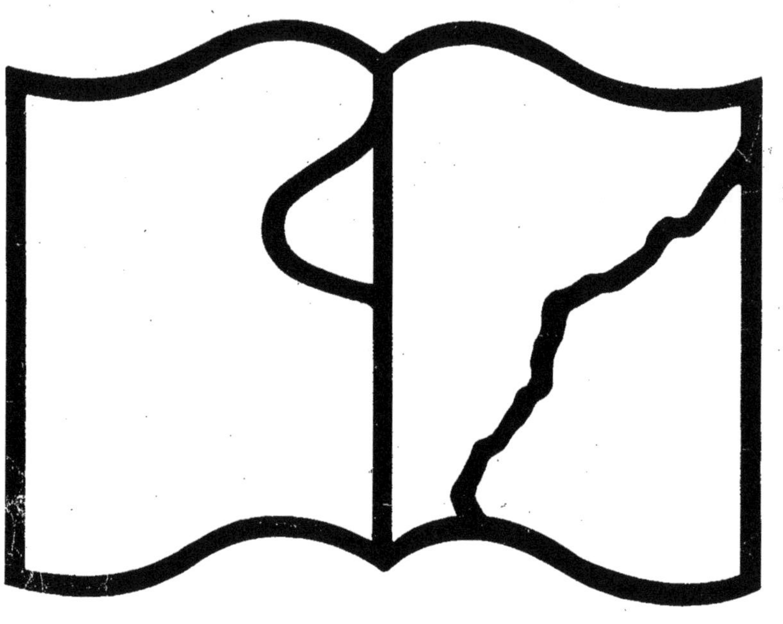

Texte détérioré — reliure défectueuse

**NF Z 43-120-11**

www.ingramcontent.com/pod-product-compliance
Ingram Content Group UK Ltd.
Pitfield, Milton Keynes, MK11 3LW, UK
UKHW020455200726
13857UKWH00002B/725

9 782012 93383